賀威，孫長銀　著

撲翼飛行機器人系統設計

崧燁文化

智 慧 製 造

前言

　　仿生撲翼飛行機器人是一種模仿昆蟲或鳥類飛行的仿生機器人，具有效率高、質量輕、機動性強、能耗低等顯著優點，在國防軍事以及民用領域都具有廣闊的應用前景。

　　仿生撲翼飛行機器人是集合了仿生學、空氣動力學、機械學、控制科學等多門前沿學科的一類先進飛行機器人。 相較於固定翼和旋翼飛行器，仿生撲翼飛行機器人具有較高的集成度，能夠有效地利用勢能，適於完成長時間、遠距離、無能源補充條件下的飛行任務。 但是，仿生撲翼飛行機器人的柔性翼易受到空氣氣流的影響，產生不良的機械振動，因此，在仿生撲翼飛行機器人進行機械結構設計以及控制設計時，需要考慮其中存在的振動抑制等難題。 同時，仿生撲翼飛行機器人要完成偵查、搜救等特殊任務，必須設計自主控制系統，實現任務規劃與航跡生成，能夠自主調節飛行姿態，具備自主飛行能力。 撲翼飛行機器人的動力學模型非常複雜，其本身是一個非線性的剛柔耦合分布參數系統，在輸入輸出約束的情況下直接對這樣複雜的無窮維分布參數系統進行振動控制方法研究，無論是在柔性結構的振動控制問題上，還是在飛行機器人自主控制領域，都是一個巨大的挑戰。

　　本書以仿生撲翼飛行機器人系統建模與樣機設計為主線，第 1 章介紹了仿生撲翼飛行機器人的研究現狀與應用情況；第 2 章集中介紹了在進行仿生撲翼飛行機器人系統建模和穩定性分析時所用到的基礎理論；第 3~5 章分別針對單柔性翼系統、雙柔性翼系統和剛柔混合撲翼系統進行建模分析，並對不同結構的仿生撲翼飛行機器人柔性翼進行動力學分析、邊界控制器設計以及系統穩定性證明；第 6 章針對仿生撲翼飛行機器人系統中存在的輸出約束問題進行研究，設計能夠解決輸出約束限制的主動邊界控制器；第 7 章透過 ADAMS 設計和搭建 3D 半實物仿真平台，並聯合 SIMULINK 對邊界擾動情況下柔性梁 PD 控制和邊界控制進行仿真模擬驗證，此外，還採用 XFlow 軟體模擬仿生撲翼飛行機器人在不同運動狀態下的受力情況；第 8 章設計神經網路控制算法來對仿生撲翼飛行機器人的位姿進行自主控制分析；第 9 章詳細介紹一款舵機驅動仿生撲翼飛行機器人的機械結構設計以及硬件系統搭建；第 10 章設計了仿生撲翼飛行機器人的飛行實驗。 最後，對全書內容進行總結，並對仿生撲翼飛行機器人的研究方向做出展望。 本書的所有內容均由作者及其團隊的科研成果整理所得，是作者針對撲翼飛行機器人研究的階段性總結，希望能夠為仿生撲

翼飛行機器人控制理論的發展與研究起到一定的推動作用。

　　本書由北京科技大學賀威教授和東南大學孫長銀教授著。 在此，感謝臺灣淡江大學楊龍傑教授對本書中仿生撲翼飛行機器人的設計所提供的指導和幫助，也向先後參加本書相關內容研究的各位研究人員穆新星、尹曌、何修宇、呂垌、孟亭亭、陳宇楠、閆子晨、謝文珍、黃海豐、康業猛、汪婷婷、黃愷、馮富森、丁施強、汪華健、盧子瑜及王彥博等表示由衷感謝！ 本書的研究和出版得到了國家自然科學基金項目（61522302、61520106009、U1713209）和北京市自然科學基金項目（4172041）的資助和支持。

　　由於仿生撲翼飛行機器人涉及多門學科前沿，其理論、技術與應用還在不斷發展之中，加之筆者研究水準有限，書中不妥之處，敬請廣大同行和讀者予以批評指正。

著　者

目錄

第1章

緒論

1.1 引言

　　撲翼飛行機器人具有體積小、質量輕、成本低、能耗低、噪聲小等特點，在國防軍事龢民用領域應用廣泛，它能完成其他種類的無人機無法完成的任務[1,2]，比如在國防領域中有低空偵察、城市作戰、電子干擾、通訊中繼、核/生化探測、精確投放等任務，民用領域有自然災害的監視與支援、環境和污染監測等任務。與固定翼和旋翼飛行器相比，它具有獨特的優點：能原地或小場地起飛，極好的飛行機動能力和空中懸停能力以及低廉的飛行費用等。撲翼飛行機器人的主要特點是將升降、懸停和推進功能集於一身，依靠撲翼的運動方式，快速有效地改變撲翼飛行機器人的姿態，具有較強的機動性與靈活性。撲翼飛行機器人的撲動可以使機身在水平位置鎖定，並且撲翼所產生的升力效率高，能夠利用較少的能量實現長距離飛行，此外，還可以利用勢能在高空進行翱翔。這些特點將使得撲翼飛行機器人更易於完成長時間、遠距離、無能源補充條件下的飛行任務[3~5]。

　　自然界的飛行生物無一例外地採用撲翼飛行方式。同時，根據仿生學和空氣動力學的研究結果可以推測，在翼展小於 15cm 時，撲翼飛行比固定翼和旋翼飛行更具優勢，微型仿生撲翼飛行機器人（FMAV）也必將在該研究領域占據主導地位[6]。然而，與固定翼和旋翼飛行器的飛行機理相比，仿生撲翼飛行機器人的飛行機理也更為複雜，目前，人們對這一領域的研究還不完整，其理論建模及分析還具有相當程度的困難性。

　　對於撲翼飛行的研究最初是從鳥類和昆蟲飛行的測試與試驗開始的，使用人工製作的機械翅膀來模擬鳥類和昆蟲的扇翅運動，透過從實驗中發現的現象、檢測到的數據和得到的結論，建立相應的理論模型，並基於該模型完成進一步分析和控制研究。目前，此類結合實驗測試與空氣動力學理論分析的方法在撲翼飛行的機理研究中取得了一些突破。然而，撲翼飛行機器人的設計靈感來源於對鳥類和昆蟲的仿生學研究，同時需要借鑒固定翼飛行器的一些結構設計，如何完美融合兩者還有待研究。此外，撲翼飛行機器人的控制理論與傳感技術的研究目前也尚處在初期階段，人們距離完全瞭解撲翼飛行的機制還有很長的路要走[7,8]。

　　隨著國民經濟和社會的發展，為了加快複雜機械系統運行速度和降低結構重量，質量輕、能耗低、靈活度高、韌性好的柔性材料被大量用

於機器人系統。一方面，柔性結構增加了設計和製造上的靈活性，提高了仿生撲翼飛行機器人系統性能；另一方面，柔性結構在運動和使用過程中產生的振動問題又會影響控制效果[9~11]，甚至會加速機械結構的疲勞損壞，縮短使用壽命。因此，如何抑制柔性翼的振動是研究撲翼飛行中迫切需要解決的一個問題。

1.2 撲翼飛行機器人的發展歷史

昆蟲和鳥類[12,13]具有高超的飛行技巧。透過對動物身體構造、運動機理和行為方式的觀察和研究，研究人員把工程系統的研究設計與仿生學[14~16]相結合，進行仿生機器人的開發與研究。仿生撲翼飛行機器人就是其中一個重要的分支。

1.2.1 國外研究現狀

仿生撲翼飛行機器人最早可以追溯到 15 世紀初，發明家達·芬奇設計了撲翼機圖紙，但撲翼飛行系統由於其複雜性，在 20 世紀 70 年代之後才有很好的發展。其發展從前期的低頻扇動大型載人仿生撲翼機，到中頻扇動的仿鳥撲翼機，一直到現在比較流行的高頻扇動的昆蟲撲翼機（低雷諾數條件），其理論建模也經歷了由開始的固定翼做正弦運動向後來複合翼做複雜運動的逐步發展。其中較前沿的研究成果主要來自美國、德國、英國、荷蘭等。

如圖 1-1 所示的是加州理工大學研究團隊和伊利諾伊大學香檳分校（UIUC）聯合研發的一款仿生蝙蝠撲翼機器人 BatBot（B2）[17]。研究表明，蝙蝠的翅膀具有 40 個自由度，十分複雜。研究人員將自由度削減至 5 個，分別設置在肩部、肘部、腕部、腿部和尾部。BatBot 的翼膜採用了硅基碳纖維加強膜，厚度只有 $56\mu m$。透過機械耦合結構，一個直流無刷電動機驅動左右翼同時進行撲翼飛行。而其他自由度的調整則透過空心杯電動機來執行。在控制設計方面，蝙蝠機器人採用邊界控制的方法使柔性撲翼按照期望的軌跡來扇動，從而實現飛行[18]。現在這只蝙蝠機器人已經可以完成翻轉和俯仰飛行。此項目的研究成果收錄於 2017 年第 2 期《Science Robotics》，並被作為封面論文。BatBot 的研究人員表示，未來會將蝙蝠的回聲定位和倒掛棲息引入到蝙蝠機器人飛行中。

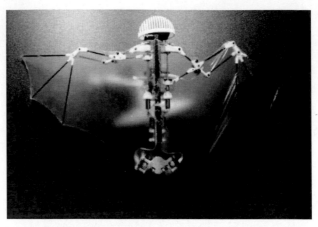

圖 1-1　加州理工大學和伊利諾伊大學香檳分校聯合研製的 BatBot（B2）

　　美國 Aero Vironment 公司的蜂鳥機器人 Nano hummingbird[19] 如圖 1-2 所示。它是在 DARPA 資助下的 NAV 項目成果。該項目從 2005 年啓動，致力於製造一個不大於 7.5cm、負載 2g、自重不超過 10g、能飛行 1000m、盤旋 60s 且速度不低於 5m/s 的無人飛行器。從 2006 年的僅實現了系統穩定但不能實現飛行的第一代產品 FP1 到 2011 年帶有攝影系統，能仰俯、翻轉、偏航多維控制，實現 360°翻轉、持續飛行 11min 的蜂鳥機器人，多代不斷完善，使得其在飛行控制、續航能力、結構設計等多方面都處於世界領先水準。翅膀採用柔性膜，結合計算、實驗、仿真等方法設計選型；採用四連桿和基於弦結構進行拍動結構設計；控制設計方面包括無尾翼控制方法，結合翅膀轉動和扭動調整方法實現仰俯、翻轉、偏航的控制。與實際的蜂鳥相比，該系統推進效率較低，輸出推力較小，導致續航能力較差，翅膀幾何結構設計難以適應複雜環境要求。

　　麻省理工學院（MIT）的 Phoenix[20] 仿生撲翼飛行機器人如圖 1-3 所示。Phoenix 採用碳纖維框架，柔性結構翅膀翼展 2m，能夠在飛行時提供大約 300W 的巨大升力，足夠的負載能力使得其能糅合多個功能模塊，包括無刷電動機、鈦焊四連桿傳動裝置、固態慣性測量模塊，能手動調節控制器實現速度大約 4m/s 的簡單水平穩定飛行。由於控制系統不完善，穩定性差，導致飛行時間短，無法完成複雜動作且加速慢，只能透過手持起飛。

圖 1-2　美國 Aero Vironment 公司的 Nano hummingbird

圖 1-3　麻省理工學院的 Phoenix

　　哈佛大學 Wood 教授團隊研發了一款飛行昆蟲機器人 RoboBee[21]，如圖 1-4 所示。結構方面：包括電子元件在內的所有元件均采用微加工的 SCM 技術，僅重 80mg，尺寸僅 $5\mu m$。為克服尺寸小導致的負載能力較弱的問題，翅膀采用了被動旋轉翼鉸鏈，使得其負載能力從 $30\sim40mg$ 提升至 170mg，增加了 3 倍多，而能量損耗只增加了 55％。控制方面：受昆蟲單眼啓發，利用光傳感器模擬昆蟲的單眼視野和光感，進行環境反饋。這個微型撲翼飛行器的缺陷是負載能力不足，難以支撐能源模塊，只能采用繩動控制，傳感器的使用也很有限，功能拓展受到很大的限制。控制效果欠佳，只能持續飛行 20s 左右，難以保持長時間的穩定。再者，飛行實驗很難模擬諸如非線性、多自由度交叉耦合的動態流體力學模型，使得系統難以面對現實中的複雜環境。

圖 1-4　哈佛大學的 RoboBee

　　德國 Festo 公司的 SmartBird[22] 如圖 1-5 所示。其翼展 2m，在結構和飛行姿態等方面對銀鷗有很高的還原度。翅膀采用主動鉸接扭轉驅動，為系統提供上升和推動力；尾巴提供緊急上升以及 pitch 和 yaw 方向的控制作用。其系統機電效率可達 45％，在繞圓飛行中表現尤為出色，氣流優化設計能使氣動效率高達 80％；但其飛行模型中不包含扭轉部件，雖然能使其避免受損，但這使控制效果受到限制，不能完成精細複雜的運動，難以在複雜的任務中完成要求。

圖 1-5　德國 Festo 公司的 SmartBird

　　加州理工大學 YC Tai 教授團隊開發了一款手掌大小的機器蝙蝠 Microbat[23]，如圖 1-6 所示。為了減輕質量和提高升力，該團隊對翅膀

做了大量研究。透過風洞實驗，把鈦合金蝙蝠翅膀和蟬翅膀進行對比，發現生物模擬的翅膀性能遠不如生物翅膀，所以他們放棄了複雜的生物模擬翅膀，轉向研發能夠提供足夠升力和推力的簡單結構翅膀。為瞭解決電池質量大、功率低的難題，利用輕便的轉換器和鎳鉻細胞供電系統代替傳統的鎳鉻 N-50 電池，既減輕了質量，又增加了供能性能。在自主飛行測試中，初次樣機只能飛行 9s，後來改用鎳鉻電池驅動後，能飛行 22s，不斷改良後，現在最佳飛行時間 42s。如何應對現實中風速和風向的變化，優化尾巴的設計以提升穩定性，更大的翅膀、更強的動力系統以及更完善的 MEMS 系統是他們未來努力的方向。

圖 1-6　加州理工大學的 Microbat

　　美國亞利桑那大學的研究團隊開發了一系列尺寸不同的仿生撲翼飛行機器人[24]，包括 15cm、25cm 以及 74cm。其中，74cm 的最新款仿生撲翼飛行機器人 Ornithopter 每個翅膀包括三個軸，且翅型改為 V 型，如圖 1-7 所示。在前期節流控制的基礎上，該仿生撲翼飛行機器人採用節點追蹤技術來計算翅膀的拍動頻率，並採用頻閃測速儀來調節兩者間的關係。同時，為了調節在不同實驗中的機體動力學分析，研究人員採用 ViconNexus 節點追蹤軟體來獲取實驗數據。在飛行實驗中，由於仿生撲翼飛行機器人機體和翅膀的空氣動力學參數具有較大的波動，對仿生撲翼飛行機器人系統的穩定性具有很大的影響，在之後的研究中需要進一步完善。

　　美國馬里蘭大學的 Harmon 教授帶領的團隊研發了一款機身為藍色的仿生撲翼飛行機器人 Robo Raven[25]，如圖 1-8 所示。為了對該仿生撲翼飛行機器人進行進一步優化，研究人員在實驗中應用動作解析裝置將其與另一款外形和構造相似的仿生撲翼飛行機器人進行對比，以便得到

不同系統參數對仿生撲翼飛行機器人的系統性能的影響，包括空氣動力學模型、速度、攻角等。在研究中，實驗與數據分析的結果還沒有實現有效的結合，有待進一步開展研究。

圖 1-7　亞利桑那大學的 Ornithopter

圖 1-8　馬里蘭大學的 Robo Raven

荷蘭代爾夫特理工大學從 2005 年便開始進行仿生撲翼飛行機器人的研究，並將其研製的撲翼飛行機器人命名為 DelFly[26]。第一代仿生撲翼飛行機器人 DelFly Ⅰ 的結構是模仿蜻蜓搭建的。第二代仿生撲翼飛行機器人 DelFly Ⅱ 如圖 1-9 所示，不僅換上了更輕巧的電子元器件，還採用碳素材料搭建骨架，對翅膀進行改進，並用無刷電動機取代有刷電動機。該仿生撲翼飛行機器人系統穩定性良好，能夠搭載攝影頭實現自主飛行。最新款的仿生撲翼飛行機器人 DelFly Micro 除了能夠搭載攝影頭進行自主飛行外，並且能夠傳送照片返回地面站，但還未實現盤旋飛行，穩定性能也不如 DelFly Ⅱ。

圖 1-9　代爾夫特理工大學的 DelFly Ⅱ

　　加州大學伯克利分校的 Julian 團隊研發了一款微型仿生撲翼飛行機器人 H2bird[27]，如圖 1-10 所示。該款仿生撲翼飛行機器人採用碳纖維材料搭建，其機身更加輕便，而且能夠搭載 2.8g 的負載。值得一提的是，H2bird 的翅膀採用滑翔翼與撲翼結合的方式，尾部載有的電動機以及獨特的升降舵大幅度提高了撲翼飛行的靈活性。在控制方面，透過帶有陀螺儀的控制系統，H2bird 能夠與小型地面站進行通訊與配合，並實現實時視頻跟蹤反饋。

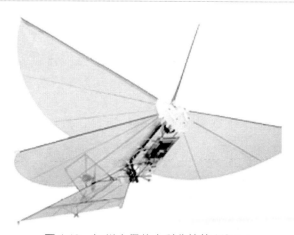

圖 1-10　加州大學伯克利分校的 H2bird

1.2.2　國內研究現狀

　　雖然國內關於仿生撲翼飛行機器人的研究起步較晚，但是許多高校也已經取得了顯著的科研成果，其中具有代表性的研究成果如下。

　　西北工業大學宋筆鋒教授團隊的仿生撲翼飛行機器人「信鴿」[28] 採用碳纖維做機架，聚酯薄膜聚合物做柔性翼，利用聚合物鋰電池和微型直流電動機作為驅動，翼展 50cm，總重 220g，如圖 1-11 所示。「信鴿」可實現視距外航線自主飛行，持續飛行 20min 以上，具備抗四級風穩定飛行能力。

圖 1-11　西北工業大學的 「信鴿」

　　北京航空航天大學是國內較早開展撲翼無人機研究的高校之一。孫茂教授團隊透過觀測、計算、仿真等多種方法對昆蟲飛行的動力學模型進行研究[29]，在撲翼無人機仿生力學方面取得了技術突破，在仿生蜜蜂、蝴蝶等飛行器方面取得了巨大進展，在結構設計和運動學分析上也取得了一定的成果，並成功研製了飛行樣機，如圖 1-12 所示。

　　南京航空航天大學昂海鬆教授團隊致力於仿生撲翼飛行機器人的開發多年，主要研究了仿生複合撲翼的氣動特性，並研製了幾種不同尺寸和不同布局形式的撲翼無人機樣機[30]。其中一款如圖 1-13 所示，該樣機於 2002 年試飛成功，其技術指標已達到美國加州理工大學研製的 Micro-bat 的水準。

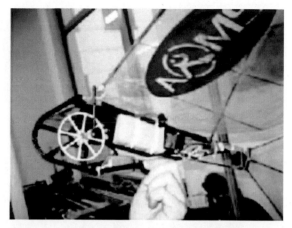

圖 1-12 北京航空航天大學的仿鳥撲翼飛行機器人

圖 1-13 南京航空航天大學的仿鳥撲翼飛行機器人

　　臺灣淡江大學楊龍傑團隊研發設計了「Golden Snitch」撲翼飛行機器人[31]，如圖 1-14 所示。其翅膀骨架採用 1mm 碳桿，在風洞實驗中分析了柔性翼的撲動規律。2010 年，在精密注塑成型（PIM）技術的推動下，基於改進的 4 連桿驅動機構以及聚合物材料製造的微型飛行器使續航時間提高到 480s。

　　北京科技大學賀威教授從事柔性結構研究多年，在撲翼飛行機器人系統建模、柔性翼振動控制與仿真方面取得一定研究成果[32,33]，帶領團隊自主研發了一款撲翼飛行機器人樣機 USTBird，採用兩個舵機作為系統驅動源，可以實現兩側翅膀獨立控制，翼展 80cm，撲翼頻率 8Hz，質量 85g，如圖 1-15 所示。

圖 1-14　淡江大學的 Golden Snitch

圖 1-15　北京科技大學的 USTBird

　　總體來說，國內仿生撲翼飛行機器人研究理論成果較為豐碩[34,35]，但實物成果較少或者效果不理想。要設計出結構合理、性能優良的飛行器，需要結合仿生學、空氣動力學、機構設計科學以及控制理論等多方面人才的共同努力[36,37]。

　　上述部分仿生撲翼飛行機器人的主要參數如表 1-1 所示。

表 1-1　部分仿生撲翼飛行機器人主要參數表

名稱	單位	質量/g	翼展/cm	頻率/Hz	速度/(m/s)	續航時間/s
Nano hummingbird	美國 Aero Vironment 公司	17.5	15.8	27.5	6.7	660
Phoenix	麻省理工學院	200	—	2.4	4	—

續表

名稱	單位	質量/g	翼展/cm	頻率/Hz	速度 /(m/s)	續航時間/s
RoboBee	哈佛大學	0.08	3	120	0.3	20
SmartBird	德國 Festo 公司	400	200	—		
Bat Bot	加州理工大學和伊利諾伊大學香檳分校	60	40	8	—	—
Ornithopter	亞利桑那大學	260	74	18	10	420
Microbat	加州理工大學	12.5	15.24	—	5	42
DelFly	代爾夫特理工大學	16	2.8	18	15	900
H2bird	加州大學伯克利分校	13	26.5	—	1.2	600
信鴿	西北工業大學	220	50	8	10	1200
Golden Snitch	臺灣淡江大學	5.9	20	25	—	480
USTBird	北京科技大學	85	80	4	2	180

1.3 應用前景

撲翼飛行機器人具有較高的系統集成度以及很強的靈活性，原因在於撲翼飛行機器人能夠將多功能都集中在一個撲翼系統中，包括升降、推進與懸停等，並且有極高的利用效率。同時，撲翼的飛行方法透過利用空氣流體渦流，能夠有效提高推力的效率，透過利用高空中的勢能，適應於遠距離複雜條件下執行任務和進行長時間無能源補充的飛行任務，用更少的能量進行遠距離的任務。當需要在室內執行任務時，研究人員希望飛行器的尺寸體型越小越好。仿生撲翼飛行機器人的翼展小於 15cm 時，比其他傳統的無人機具有更好的表現和性能，這是從空氣動力學與仿生學的實驗與研究中得到的結論[38]。基於以上分析，仿生撲翼飛行機器人在國防軍事蘇民用領域具有不可替代的優勢，能夠完成其他種類的無人機難以完成的任務。例如，民用領域的污染物及環境監控檢測、戶外工作通訊聯絡、跟隨工作人員進行野外作業勘測、自然災害檢測與支援等，國防領域的作戰戰場、低空與室內偵察、核/生化及其他污染物探測、訊號干擾、通訊中繼、目標準確投放等任務。

第2章

基礎理論

為了進一步研究柔性翼的動力學特性、系統控制器設計以及穩定性的分析，在這一章中，將會給出後文中所涉及的引理以及分析過程中所採用的原理和方法。

2.1 引理

在這一小節中，給出了在系統的控制器設計和穩定性分析過程中常用到的不等式條件，具體的引理如下。

引理 2.1[39]：對實數域 $\mathbb{R}$ 中兩個實函數 $\phi_1(x,t)$ 和 $\phi_2(x,t)$，有以下的性質成立：

$$\phi_1(x,t)\phi_2(x,t) \leqslant |\phi_1(x,t)\phi_2(x,t)| \leqslant [\phi_1(x,t)]^2 + [\phi_2(x,t)]^2$$

$$\phi_1(x,t)\phi_2(x,t) \leqslant \left|\left[\frac{1}{\sqrt{\delta}}\phi_1(x,t)\right][\sqrt{\delta}\phi_2(x,t)]\right| \leqslant \frac{1}{\delta}[\phi_1(x,t)]^2 + \delta[\phi_2(x,t)]^2$$

$$(2\text{-}1)$$

其中，δ 是一個正常數。

引理 2.2[40]：對於一個實函數 $\phi(x,t)$，其中 $x \in [0,L]$ 以及 $t \in [0,\infty)$，並且該函數的初始值滿足 $\phi(0,t)=0$，那麼以下的性質成立：

$$\int_0^L [\phi(x,t)]^2 \mathrm{d}x \leqslant L^2 \int_0^L [\phi'(x,t)]^2 \mathrm{d}x$$

$$[\phi(x,t)]^2 \leqslant L \int_0^L [\phi'(x,t)]^2 \mathrm{d}x$$

$$(2\text{-}2)$$

引理 2.3[41]：對於一個正數 $k \in \mathbb{R}$，對任意 $x \in \mathbb{R}$，$|x| < k$ 滿足下列不等式：

$$\ln\frac{k^2}{k^2-x^2} \leqslant \frac{x^2}{k^2-x^2}$$

$$(2\text{-}3)$$

聲明：為了使公式表達得更加簡潔，在本書中，對於下列求導算子進行簡化：$(\Delta)' = \partial(\Delta)/\partial x$，$(\Delta)'' = \partial^2(\Delta)/\partial x^2$，$(\Delta)''' = \partial^3(\Delta)/\partial x^3$，$(\Delta)'''' = \partial^4(\Delta)/\partial x^4$ 以及 $(\dot{\Delta}) = \partial(\Delta)/\partial t$，$(\ddot{\Delta}) = \partial^2(\Delta)/\partial t^2$。

2.2 Hamilton 原理

在對柔性翼進行動力學建模時將會用到 Hamilton 原理[42] 來導出描述無窮維分布參數系統的一組帶邊界條件的偏微分方程。在建模過程中，

基於系統動能、勢能，以及其他非保守力所做的功，結合 Hamilton 原理，將會得到一組表述系統控制方程的偏微分方程和若干表述系統邊界條件的常微分方程。

　　Hamilton 原理是一種積分變分原理，在研究柔性結構的動力學特性方面是一個常用且有效的方法，在力學的分析中，運用這一原理可以將系統從其一切可能存在的運動過程中找到系統實際的運動過程，在柔性翼的動力學特性分析過程中，所用到的 Hamilton 原理是基於柔性翼較小位移量的性質以及機械臂的各個能量函數來進行分析建模的，其表現形式為[43]：

$$\int_{t_1}^{t_2} \delta(E_k - E_p + W)\,\mathrm{d}t = 0 \tag{2-4}$$

　　式中，E_k 代表柔性翼動能；E_p 代表柔性翼勢能；W 代表虛功。t_1 和 t_2 是兩個時間常值，對於柔性翼的狀態量的變分形式來說，在 t_1 和 t_2 時刻值的大小為零。

2.3　柔性梁振動控制理論

　　在機械工程領域內，隨著機器人技術不斷向高速度、高精度、輕量化發展，機械臂也由剛性臂轉向柔性臂，但是柔性臂阻尼小，容易產生彈性振動，易使其定位精度和運動平穩性受到影響。通常，對於仿生撲翼飛行機器人這種非線性非定常分布參數系統，對於外界干擾所造成的振動控制問題，往往簡化為 Euler-Bernoulli 梁進行分析。

　　對柔性結構變形的描述是建立動力學方程的基礎。目前應用於柔性梁建模分析的主要方法有有限元法[44] 和模態綜合法[45]，針對柔性梁的振動控制方法有特徵結構配置法、最優/次優控制法、自適應控制法[46]、變結構控制法[47]、逆動力學方法[48] 等。

　　在建立動力學方程的方法上，基於牛頓-歐拉（Newton-Eular）方程、拉格朗日（Lagrange）方程、哈密頓（Hamilton）原理、虛功原理和 Kane 方法等，從能量角度出發，利用 Hamilton 原理或拉格朗日方程把系統的動能、勢能和其他形式的功組合起來對系統模型進行分析，得到其動力學方程。

　　本書將所研究的柔性翼結構視作為 Euler-Bernoulli 梁式結構，基於 Hamilton 原理，利用變分法工具，分析和建立柔性翼的動力學方程。圖 2-1 給出了 Euler-Bernoulli 梁的模型。

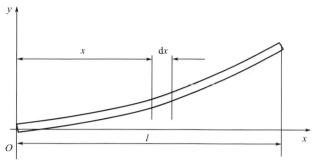

圖 2-1　Euler-Bernoulli 梁模型

對於等截面梁，可建立如下靜態梁方程和動態梁方程：

$$\begin{cases} EIy'''' = f(x,t) \\ EIy'''' + \rho_l \ddot{y} = f(x,t) \end{cases}$$　　　　（2-5）

式中，EI 為楊氏模量；ρ_l 為單位梁密度；$f(x,t)$ 為分布式擾動，當分布擾動不存在，即 $f(x,t)$ 為 0 時，式（2-5）的第二項便為 Euler-Bernoulli 梁的自由振動方程。

2.4　自適應神經網路控制

徑向基函數（Radial Basis Function，RBF）神經網路[49]具有結構簡單、學習速度快等優點，在函數逼近、系統辨識以及模式識別等領域得到了廣泛應用。在理論上已經證明，只要 RBF 網路中隱藏層神經元的數目足夠多，RBF 神經網路可以以任意的精度逼近任何單值連續函數。這就使得在系統的精確模型未知時，依然能夠設計出適合的控制器[50,51]。自適應神經網路控制結構圖如圖 2-2 所示。

RBFNNs 是一種三層的前饋神經網路：第一層為輸入層，由一些感知單元構成，即輸入訊號，將網路與外界環境連接，節點個數等於輸入的維數；第二層為隱含層（僅有一個），採用徑向基函數（徑向基函數是一個函數值僅依賴於自變量距中心點距離的函數）作為基函數，從輸入空間到隱含空間之間進行非線性變換，最常用的是高斯函數，節點個數根據描述問題的需要而定；第三層為輸出層，對輸入層的刺激作用響應，對隱含層的徑向基函數進行線性組合加權，節點個數等於輸出數據的維

數。RBFNNs 隱含層和輸入層之間沒有權值，輸出層和隱含層之間有權值，輸出層為線性的。

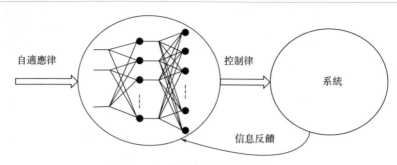

圖 2-2　自適應神經網路控制結構圖

　　RBFNNs 的基本思想是：將徑向基函數作為隱含單元的「基」構成隱含層空間，然後將輸入矢量直接（即不需要透過權連接）映射到隱含空間。根據 Cover 定理，將複雜的模式分類問題非線性地映射到高維的空間比投影到低維的空間更可能線性可分。也就是說，RBFNNs 的隱含層的功能就是將低維的空間輸入透過非線性函數映射到一個高維的空間中，最後再在這個高維空間進行曲線的擬合。換句話說，也就是在一個隱含的高維空間發現一個能最佳擬合訓練數據的曲線。

　　引理 2.4：基於徑向基函數（RBF）的人工神經網路的一組線性參數可以用來近似連續函數 $f_i(\mathbf{Z})：\mathbb{R}^q \to \mathbb{R}$：

$$f_{nn,i}(\mathbf{Z}) = \mathbf{W}_i^{\mathrm{T}} \mathbf{S}_i(\mathbf{Z}) \tag{2-6}$$

　　式中，輸入向量 $\mathbf{Z} = [Z_1, Z_2, \cdots, Z_q]^{\mathrm{T}} \in \Omega_Z \subset \mathbb{R}^q$；神經網路權重向量 $\mathbf{W}_i \in \mathbb{R}^l$，神經網路節點數 $l > 1$ 且 $\mathbf{S}_i(\mathbf{Z}) = [s_1, s_2, \cdots, s_l]^{\mathrm{T}} \in \mathbb{R}^l$。透過近似的結果表明，如果 l 選擇得足夠大，$\mathbf{W}_i^{\mathrm{T}} \mathbf{S}_i(\mathbf{Z})$ 可以近似任何連續的函數，這可以透過式(2-7) 來表示：

$$f_i(\mathbf{Z}) = \mathbf{W}_i^{*\mathrm{T}} \mathbf{S}_i(\mathbf{Z}) + \boldsymbol{\varepsilon}_i(\mathbf{Z}), \forall \mathbf{Z} \in \Omega_Z \in \mathbb{R}^q \tag{2-7}$$

　　式中，$\mathbf{W}_i^*$ 是一個理想的已知的權重向量；$\boldsymbol{\varepsilon}_i(\mathbf{Z})$ 是一個有界的近似誤差，可假設其有界範圍是 $|\varepsilon_i(\mathbf{Z})| \leqslant \bar{\varepsilon}_i$，$\forall \mathbf{Z} \in \Omega_Z$，$\bar{\varepsilon}_i > 0$ 是一個未知的常數。理想權重向量 $\mathbf{W}_i^*$ 是一個透過分析，按照需要人為設定的值。$\mathbf{W}_i^*$ 的取值是由 $\mathbf{Z} \in \Omega_Z \subset \mathbb{R}^q$ 中，使得 $|\varepsilon_i(\mathbf{Z})|$ 取最小值時，$\mathbf{W}_i$ 的值來確定得到的，即：

$$\mathbf{W}_i^* = \arg \min_{\mathbf{W}_i \in R^l} \left\{ \sup_{\mathbf{Z} \in \Omega_Z} |f_i(\mathbf{Z}) - \mathbf{W}_i^{\mathrm{T}} \mathbf{S}_i(\mathbf{Z})| \right\} \tag{2-8}$$

$s_k(\mathbf{Z})$ 函數典型的選擇方式包括 S 型函數、正切雙曲線函數和徑向基函數，基於徑向基函數的神經網路這一種特殊的網路結構，使用高斯函數形式，即：

$$s_k(\mathbf{Z}) = \exp \frac{-(\mathbf{Z}-\boldsymbol{\mu}_k)^\mathrm{T}(\mathbf{Z}-\boldsymbol{\mu}_k)}{\eta_k^2}, k=1,2,\cdots,l \qquad (2\text{-}9)$$

式中，$\boldsymbol{\mu}_k = [\mu_{k1}, \mu_{k2}, \cdots, \mu_{kq}]^\mathrm{T}$ 是接受域的中心；η_k 是高斯函數的寬度。

以高斯函數為基礎，輸入向量為 $\hat{\mathbf{Z}}$ 的神經網路徑向基函數，如果 $\hat{\mathbf{Z}} = \mathbf{Z} - \overline{\boldsymbol{\psi}}$，其中 $\overline{\boldsymbol{\psi}}$ 是一個有界的常數向量，可以得到：

$$s_k(\hat{\mathbf{Z}}) = \exp \frac{-(\hat{\mathbf{Z}}-\boldsymbol{\mu}_k)^\mathrm{T}(\hat{\mathbf{Z}}-\boldsymbol{\mu}_k)}{\eta_k^2}, k=1,2,\cdots,l \qquad (2\text{-}10)$$

引入神經網路輸入矢量的估計項 $\hat{\mathbf{Z}}$，因此可以得到：

$$\mathbf{S}(\hat{\mathbf{Z}}) = \mathbf{S}(\mathbf{Z}) + \varepsilon \mathbf{S}_\mathrm{t} \qquad (2\text{-}11)$$

式中，ε 是大於 0 的常數；$\mathbf{S}_\mathrm{t}$ 是一個有界的矢量函數。

RBFNNs 除了具有一般神經網路的優點，如多維非線性映射能力、泛化能力、並行資訊處理能力等，還具有很強的聚類分析能力、學習算法簡單方便等優點；RBFNNs 是一種性能良好的前向網路，利用在多維空間中插值的傳統技術，可以對幾乎所有的系統進行辨識和建模，它不僅在理論上有著任意逼近性能和最佳逼近性能，而且在應用中具有很多優勢。

RBFNNs 與 BP（Back Propagation）神經網路都是非線性多層前向網路，它們都是通用逼近器。對於任一個 BP 神經網路，總存在一個RBFNNs 可以代替它，反之亦然。但是這兩個網路也存在著很多不同點，下面從網路結構、訓練算法、網路資源的利用及逼近性能等方面對RBFNNs 和 BP 神經網路進行比較研究。

① 從網路結構上看，BP 神經網路實行權連接，而 RBFNNs 輸入層到隱層單元之間為直接連接，隱層到輸出層實行權連接。BP 神經網路隱層單元的轉移函數一般選擇非線性函數（如反正切函數），RBFNNs 隱層單元的轉移函數是關於中心對稱的 RBF（如高斯函數）。BP 神經網路是三層或三層以上的靜態前饋神經網路，其隱層和隱層節點數不容易確定，沒有普遍適用的規律可循，一旦網路的結構確定下來，在訓練階段網路結構將不再變化；RBFNNs 是三層靜態前饋神經網路，隱層單元數也就是網路的結構可以根據研究的具體問題，在訓練階段自適應地調整，網路的適用性更好。

②　從訓練算法上看，BP 神經網路需要確定的參數是連接權值和閾值，主要的訓練算法為 BP 算法和改進的 BP 算法。但 BP 算法存在許多不足之處，主要表現為易限於局部極小值，學習過程收斂速度慢，隱層和隱層節點數難以確定；更為重要的是，一個新的 BP 神經網路能否經過訓練達到收斂還與訓練樣本的容量、選擇的算法及事先確定的網路結構（輸入節點、隱層節點、輸出節點及輸出節點的傳遞函數）、期望誤差和訓練步數有很大的關係。目前，很多 RBFNNs 的訓練算法支持在線和離線訓練，可以動態確定網路結構和隱層單元的數據中心和擴展常數，學習速度快，比 BP 算法表現出更好的性能。

③　從網路資源的利用上看，RBFNNs 原理、結構和學習算法的特殊性決定了其隱層單元的分配可以根據訓練樣本的容量、類別和分布來決定。如採用最近鄰聚類方式訓練網路，網路隱層單元的分配就僅與訓練樣本的分布及隱層單元的寬度有關，與執行的任務無關。在隱層單元分配的基礎上，輸入與輸出之間的映射關係透過調整隱層單元和輸出單元之間的權值來實現，這樣，不同的任務之間的影響就比較小，網路的資源就可以得到充分的利用。這一點和 BP 神經網路完全不同，BP 神經網路權值和閾值的確定由每個任務（輸出節點）均方差的總和直接決定，這樣，訓練的網路只能是不同任務的折中，對於某個任務來說，就無法達到最佳的效果。而 RBFNNs 則可以使每個任務之間的影響降到較低的水準，從而每個任務都能達到較好的效果，這種並行的多任務系統會使 RBFNNs 的應用越來越廣泛。

總之，RBFNNs 可以根據具體問題確定相應的網路拓撲結構，具有自學習、自組織、自適應功能，它對非線性連續函數具有一致逼近性，學習速度快，可以進行大範圍的數據融合，可以並行高速地處理數據。RBFNNs 的優良特性使得其顯示出比 BP 神經網路更強的生命力，正在越來越多的領域內替代 BP 神經網路。目前，RBFNNs 已經成功地用於非線性函數逼近、時間序列分析、數據分類、模式識別、資訊處理、圖像處理、系統建模、控制和故障診斷等。

在第 8 章中，透過測量姿態控制下的虛擬速度跟蹤軌跡，設計帶有擾動觀測器的神經網路全狀態反饋姿態控制器，並根據基於模型的姿態控制器和神經網路全狀態反饋姿態控制器，實現了對仿生撲翼飛行機器人的姿態跟蹤控制。

2.5 穩定性分析方法

李雅普諾夫直接法廣泛應用於分布參數系統的穩定性分析中。該法是透過構造一個合適的正的李雅普諾夫函數來進行系統的穩定性分析，在該函數的構造過程中，允分地考慮了系統的動力學模型，選擇合適的系統狀態量進行組合構造，通常對於李雅普諾夫函數的設計沒有一個既成的方法來進行分析構造，需要不斷結合控制目標以及系統的動力學模型進行修改[52]。在這裡，李雅普諾夫函數主要是由三部分組成[53]：第一部分是基於系統的能量函數組成的，因此稱其為李雅普諾夫函數的能量項；第二部分主要引入所需設計的控制器，由一系列的非負的邊界狀態量組成，稱其為輔助項；第三部分是由系統的狀態量交叉相乘得到，稱其為交叉項。分析所構造的李雅普諾夫函數的時間導數形式，設計合適的邊界控制器，根據其是否為負值來進一步修改李雅普諾夫函數和控制器。透過不斷地修改，最後得到合適的李雅普諾夫函數和控制器形式。

下面給出利用李雅普諾夫條件來判定系統平衡點的穩定性的方法。由於這些條件都是充分非必要的，因而如果沒有找到候選李雅普諾夫函數滿足關於 $\dot{V}$ 的條件，那麼也不能得到平衡點是否穩定或者不穩定的結論。

引理 2.5（李雅普諾夫理論）[54]：對於非線性的微分動態系統

$$\dot{x} = f(x,t), x(0) = x_0 \qquad (2\text{-}12)$$

式中，原點 x_0 為平衡點，令 N 表示原點的鄰域，即 $N = \{x; \|x\| \leqslant \varepsilon\}$，$\varepsilon > 0$，則該原點是：

① 李雅普諾夫意義下是穩定的，當對任意 $x \in N$，存在一個正定標量函數 $V(x,t)$，滿足 $\dot{V}(x,t) \leqslant 0$；

② 一致穩定的，當對任意 $x \in N$，存在一個正定遞減的標量函數 $V(x,t)$，滿足 $\dot{V}(x,t) \leqslant 0$；

③ 漸近穩定的，當對任意 $x \in N$，$x \neq 0$，存在一個正定的標量函數 $V(x,t)$，滿足 $\dot{V}(x,t) \leqslant 0$；

④ 全局漸近穩定的，當對任意 $x \in \mathbb{R}^n$，存在一個正定且徑向無界的標量函數 $V(x,t)$，滿足 $\dot{V}(x,t) \leqslant 0$；

⑤ 一致漸近穩定的，當對任意 $x \in N$，存在一個正定遞減的標量函

數 $V(x,t)$，滿足 $\dot{V}(x,t) \leqslant 0$；

⑥ 全局一致漸近穩定的，當對任意 $x \in \mathbb{R}^n$，$x \neq 0$，存在一個正定、徑向無界且遞減的標量函數 $V(x,t)$，滿足 $\dot{V}(x,t) \leqslant 0$；

⑦ 指數穩定的，當對任意 $x \in N$，存在正常數 α、β 以及 γ，滿足 $\alpha \parallel x \parallel^2 \leqslant V(x,t) \leqslant \beta \parallel x \parallel^2$，以及 $\dot{V}(x,t) \leqslant -\gamma \parallel x \parallel^2$。

以上是對於一般情況的李雅普諾夫穩定性分析，下面介紹本書所採用的穩定性判據。

引理 2.6（SGUUB）[55]：考慮廣義的非線性系統

$$\dot{x} = f(x,t), x \in \mathbb{R}^n, t \geqslant t_0 \tag{2-13}$$

若對任何緊集 $\Omega \subseteq \mathbb{R}^n$ 以及初始條件 $x(t_0) \in \Omega$，如果存在常數 $\delta > 0$ 以及時間常數 $T(\delta, x(t_0))$ 使得 $\parallel x \parallel < \delta$，當 $t \geqslant t_0 + T(\delta, x(t_0))$ 時，則稱系統式(2-13) 的解是半全局一致最終有界（Semiglobally Uniformly Ultimately Bounded，SGUUB）。

定義 2.1：一個連續函數 γ：$[0, a) \rightarrow R^+$ 是嚴格遞增且 $\gamma(0) = 0$，則稱之為 κ 類函數。若 $a = \infty$，以及 $\gamma(r) \rightarrow \infty$，當 $r \rightarrow \infty$，則稱之為 κ_∞ 函數。

引理 2.7（穩定性理論）[56]：對於任何有界的初始條件，如果存在一個連續且正定的李雅普諾夫函數 $V(x)$ 且滿足條件 $\kappa_1(\parallel x \parallel) \leqslant V(x) \leqslant \kappa_2(\parallel x \parallel)$，即 $\dot{V}(x) \leqslant -\rho V(x) + C$，其中 κ_1，κ_2：$\mathbb{R}^n \rightarrow \mathbb{R}$ 是 κ 類函數，C 是一個正常數，則函數的解 $x(t)$ 是一致最終有界性的。

李雅普諾夫方法不僅能夠用來分析系統的穩定性，同時可以擴展到設計控制器使得閉環系統滿足某種穩定特性。這需要用到控制李雅普諾夫函數的概念。

引理 2.8（瑞利-裏茲定理）[57]：令 $A \in \mathbb{R}^{n \times n}$ 為對稱的正定矩陣，並且 A 的特徵值是存在的一個正值。使得 $\lambda_{\min}$ 和 $\lambda_{\max}$ 分別表示為 A 的特徵值的最小值和最大值，因此對於任意的 $\forall y \in \mathbb{R}^n$，可以得到：

$$\lambda_{\min} \parallel x \parallel^2 \leqslant x^T A x \leqslant \lambda_{\max} \parallel x \parallel^2 \tag{2-14}$$

式中，$\parallel \cdot \parallel$ 表示標準歐幾里得範數。

在輸出狀態量受限的問題研究中，透過構造合適的帶障礙的李雅普諾夫函數[58]（Barrier Lyapunov Function，BLF）以及運用反演算法設計出合適邊界控制器，從而減小系統的振動以及保證系統不超出輸出狀態量約束，使得該閉環系統能夠達到指數穩定或大範圍漸進穩定。

在處理帶末端輸出約束的問題時，通常是透過構造一個障礙李雅普諾夫函數以保證反饋控制系統輸出約束或狀態約束不被打破。障礙李雅

普諾夫函數（BLF）的示意圖如圖 2-3 所示，它是結合常見的李雅普諾夫函數和具體的輸出約束條件來進行函數的構造。障礙李雅普諾夫函數與以前的李雅普諾夫函數相比較而言，其函數值不是放射性地延展，而是當要求的輸出狀態量趨近於給定臨界值時，障礙李雅普諾夫函數的值就會趨近於無窮大。透過在給定的區域中構造李雅普諾夫函數可以保證系統的狀態量不會超出所設定的邊界障礙值。構造障礙李雅普諾夫函數是為了對系統進行邊界控制器的設計以及分析帶輸出約束的閉環系統的穩定性。

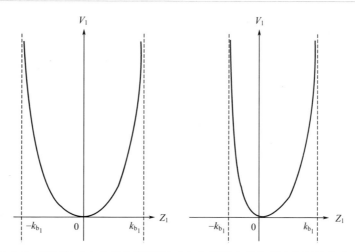

圖 2-3　對稱的（左）及不對稱的（右）障礙李雅普諾夫函數的示意圖

第3章

仿生撲翼飛行
機器人單柔性翼
控制系統設計

撲翼飛行機器人的翅膀多採用柔性結構，易受擾動的影響，這需要更先進的控制算法來抑制振動並實現系統穩定。現如今柔性系統的控制問題已成為控制理論和控制工程領域的熱點研究問題。不同於剛性機械結構，柔性結構在運動過程中會產生明顯的彈性形變。柔性結構本質上是無窮維的分布參數系統，其動力學特性複雜，給系統動力學分析和控制設計帶來了很大困難。同時，柔性翼容易造成系統非衰減振動。振動會引起翅膀的反對稱運動，這將影響 MAV 的飛行性能[59]，使測繪和航空攝影等任務不能精確執行。同時，柔性翼的振動可能會導致 MAV 的空氣動力學變化，進而使飛行器失控，這就需要提出有效的控制策略，以抑制柔性翼的大幅度振動，並確保系統的穩定性。

從理論研究方面來看，目前柔性結構的研究主要集中在動力學建模和控制方法等方面。在本章中，將重點研究撲翼飛行機器人單柔性翼的建模以及針對該種分布參數系統提出先進的控制方法。

3.1 單柔性翼建模與動力學分析

從物理結構上來講，撲翼飛行機器人翅膀的振動是一種柔性結構的控制問題，現如今柔性系統的控制問題已成為控制理論和控制工程領域的焦點研究問題[60~64]。由於柔性結構在運動過程中產生明顯的彈性形變而不同於傳統的剛性機械結構。柔性結構的模型本質上是無窮維的分布參數系統，且存在固有的振動特性[65]，其動力學特性複雜，給系統動力學分析和控制策略帶來了很大困難。從理論研究方面來看，目前柔性結構研究的難點和重點主要集中在非線性動力學建模和分布參數系統的控制方法等方面。針對本項目的特點，將重點闡述仿生撲翼飛行機器人該種柔性結構的建模以及針對該種分布參數系統提出新穎的控制方法。

由於柔性翼是一個典型的分布參數系統，具有無窮維的系統特性，所以，在其動力學特性的分析過程中，通常運用柔性的梁結構來模擬柔性翼系統。在對柔性翼進行動力學建模時將會運用到 Hamilton 原理來導出描述無窮維分布參數系統的一組帶邊界條件的偏微分方程。在建模過程中，基於系統動能、勢能以及其他非保守力所做的功，結合 Hamilton 原理，將會得到一組表述系統控制方程的偏微分方程和若干表述系統邊界條件的常微分方程。

從物理結構上來講，仿生撲翼飛行機器人系統具有分布參數和無窮維數的特點。這些柔性結構的動力學模型由具有若干邊界條件的一系列

偏微分方程或由近似的常微分方程來表示。分布式控制通常需要較多的傳感器和執行器，在一些分布參數系統中往往不易實現。

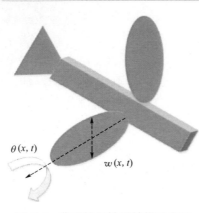

圖 3-1　典型的柔性翼結構示意圖

撲翼飛行機器人的柔性翼通常採用柔性材料，這種設計可以讓飛行機器人更加輕便，更加靈活。但柔性結構模型較為複雜，很多結構甚至是非線性的分布參數系統，需要分析柔性翼沿座標軸每個點的受力情況，由偏微分方程描述。本章所研究的柔性翼振動問題，考慮了柔性翼在彎曲和扭轉兩個自由度上產生形變，根據柔性翼的特點建立關於柔性翼扭轉的二階雙曲線偏微分方程，同時，建立關於彎曲這一自由度的四階 Euler-Bernoulli 梁偏微分方程，以及一系列常微分方程來描述邊界條件，基於 Euler-Bernoulli 梁結構的柔性翼的系統結構圖如圖 3-1 所示。撲翼飛行機器人是一個剛柔耦合系統，因此在控制系統設計和實現方面具有一定的難度。本章將從系統的能量分析出發，同時考慮柔性翼受到氣流的作用而產生振動和形變，基於 Hamilton 原理建立柔性翼系統的 PDE（Partial Differential Equation）模型。

在系統的動力學分析過程中，柔性翼是可轉動的，同時，忽略重力對於系統的影響。在動力學分析過程中，$w(x,t)$ 是柔性翼在 xoy 座標系下的彎曲形變位移，$\theta(x,t)$ 是柔性翼在 xoy 座標系下 t 時刻在 x 位置的扭轉位移，圖 3-2 所示是柔性翼的切面圖。下面將對於柔性翼進行動力學建模。

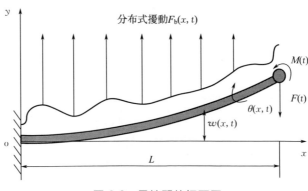

圖 3-2　柔性翼的切面圖

分析單個柔性翼的動能，由分布參數系統的特性，表示如下：

$$E_k(t) = \frac{1}{2}m\int_0^L [\dot{w}(x,t)]^2 \mathrm{d}x + \frac{1}{2}I_p\int_0^L [\dot{\theta}(x,t)]^2 \mathrm{d}x \qquad (3\text{-}1)$$

式中，m 為柔性翼的單位翼展質量；I_p 是柔性翼的慣性極矩；$\dot{w}(x,t)$ 是柔性翼在 xoy 座標系位置 x 處 t 時刻的彎曲位移；$\dot{\theta}(x,t)$ 是相應的扭轉角度；L 表示的是柔性翼的長度。

柔性翼系統勢能 $E_p(t)$ 表示為：

$$E_p(t) = \frac{1}{2}EI_b\int_0^L [w''(x,t)]^2 \mathrm{d}x + \frac{1}{2}GJ\int_0^L [\theta'(x,t)]^2 \mathrm{d}x \qquad (3\text{-}2)$$

式中，EI_b 為抗彎剛度；GJ 為扭轉剛度。

由於撲動和扭轉產生的耦合能量表示為：

$$\delta W_c(t) = mx_ec\int_0^L \ddot{w}(x,t)\delta\theta(x,t)\mathrm{d}x + mx_ec\int_0^L \ddot{\theta}(x,t)\delta w(x,t)\mathrm{d}x$$

$$(3\text{-}3)$$

式中，x_ec 表示柔性翼質心到彎曲中心的距離。

Kelvin-Voigt 阻尼力引起的虛功表示為：

$$\delta W_d(t) = -\eta EI_b\int_0^L \dot{w}''(x,t)\delta w''(x,t)\mathrm{d}x - \eta GJ\int_0^L \dot{\theta}'(x,t)\delta\theta'(x,t)\mathrm{d}x$$

$$(3\text{-}4)$$

式中，η 是 Kelvin-Voigt 阻尼係數。

外界分布式擾動 $F_b(x,t)$ 引起的虛功可以表示為：

$$\delta W_f(t) = \int_0^L [F_b(x,t)\delta w(x,t) - x_acF_b(x,t)\delta\theta(x,t)]\mathrm{d}x \qquad (3\text{-}5)$$

式中，x_ac 為柔性翼氣動中心到彎曲中心的距離；$F_b(x,t)$ 為沿著柔性翼方向未知的時變分布式擾動。

控制輸入產生的能量方程變分表示為：

$$\delta W_u(t) = F(t)\delta w(L,t) + M(t)\delta\theta(L,t) \qquad (3\text{-}6)$$

式中，$F(t)$ 為撲動控制輸入；$M(t)$ 為轉動慣量輸入。

於是，整個柔性翼系統的總虛功表示為：

$$\delta W(t) = \delta[W_c(t) + W_d(t) + W_f(t) + W_u(t)] \qquad (3\text{-}7)$$

可以應用 Hamilton 原理結合系統的能量函數項導出系統運動方程的變分形式，可以得到：

$$\int_{t_1}^{t_2}\delta E_k(t)\mathrm{d}t = m\int_{t_1}^{t_2}\int_0^L \dot{w}(x,t)\delta\dot{w}(x,t)\mathrm{d}x\,\mathrm{d}t + I_p\int_{t_1}^{t_2}\int_0^L \dot{\theta}(x,t)\delta\dot{\theta}(x,t)\mathrm{d}x\,\mathrm{d}t$$

$$= m\int_0^L [\dot{w}(x,t)\delta w(x,t)]\,|_{t_1}^{t_2}\,\mathrm{d}x - m\int_{t_1}^{t_2}\int_0^L [\ddot{w}(x,t)\delta w(x,t)]\mathrm{d}x\,\mathrm{d}t +$$

$$I_p \int_0^L \left[\dot{\theta}(x,t) \delta\theta(x,t) \right] \Big|_{t_1}^{t_2} dx - I_p \int_{t_1}^{t_2} \int_0^L \left[\ddot{\theta}(x,t) \delta\theta(x,t) \right] dx\, dt$$

$$= -m \int_{t_1}^{t_2} \int_0^L \left[\ddot{w}(x,t) \delta w(x,t) \right] dx\, dt - I_p \int_{t_1}^{t_2} \int_0^L \left[\ddot{\theta}(x,t) \delta\theta(x,t) \right] dx\, dt$$

$$(3\text{-}8)$$

運用和式(3-8) 類似的方法，勢能的變分可以寫成：

$$\int_{t_1}^{t_2} \delta E_p(t) dt = EI_b \int_{t_1}^{t_2} \int_0^L w''(x,t) \delta w''(x,t) dx\, dt + GJ \int_{t_1}^{t_2} \int_0^L \theta'(x,t) \delta\theta'(x,t) dx\, dt$$

$$= EI_b \int_{t_1}^{t_2} \left[w''(x,t) \delta w'(x,t) \right] \Big|_0^L dt - EI_b \int_{t_1}^{t_2} \left[w'''(x,t) \delta w(x,t) \right] \Big|_0^L dt +$$

$$EI_b \int_{t_1}^{t_2} \int_0^L w''''(x,t) \delta w(x,t) dx\, dt + GJ \int_{t_1}^{t_2} \left[\theta'(x,t) \delta\theta(x,t) \right] \Big|_0^L dt -$$

$$GJ \int_{t_1}^{t_2} \int_0^L \theta''(x,t) \delta\theta(x,t) dx\, dt \qquad (3\text{-}9)$$

柔性翼彎曲和扭轉形變產生的虛功表示為：

$$\int_{t_1}^{t_2} \delta W_c(t) dt = m x_e c \int_{t_1}^{t_2} \int_0^L \ddot{w}(x,t) \delta\theta(x,t) dx\, dt + m x_e c \int_{t_1}^{t_2} \int_0^L \ddot{\theta}(x,t) \delta w(x,t) dx\, dt$$

$$(3\text{-}10)$$

Kelvin-Voigt 阻尼虛功的變分表示為：

$$\int_{t_1}^{t_2} \delta W_d(t) dt = -\eta EI_b \int_{t_1}^{t_2} \left[\dot{w}''(x,t) \delta w'(x,t) \Big|_0^L \right] dt +$$

$$\eta EI_b \int_{t_1}^{t_2} \left[\dot{w}'''(x,t) \delta w(x,t) \Big|_0^L \right] dt -$$

$$\eta EI_b \int_0^L \int_{t_1}^{t_2} \dot{w}''''(x,t) \delta w(x,t) dt\, dx - \qquad (3\text{-}11)$$

$$\eta GJ \int_{t_1}^{t_2} \left[\dot{\theta}'(x,t) \delta\theta(x,t) \Big|_0^L \right] dt +$$

$$\eta GJ \int_0^L \int_{t_1}^{t_2} \dot{\theta}''(x,t) \delta\theta(x,t) dt\, dx$$

分布擾動和控制輸入的變分可以表示為：

$$\int_{t_1}^{t_2} \delta W_f(t) dt = \int_0^L \int_{t_1}^{t_2} \left[F_b(x,t) \delta w(x,t) - x_a c F_b(x,t) \delta\theta(x,t) \right] dt\, dx$$

$$(3\text{-}12)$$

$$\int_{t_1}^{t_2} \delta W_u(t) dt = \int_{t_1}^{t_2} \left[F(t) \delta w(L,t) + M(t) \delta\theta(L,t) \right] dt \qquad (3\text{-}13)$$

根據式(3-13)～式(3-13)，利用 Hamilton 平穩作用量原理，即

$$\int_{t_1}^{t_2} \delta \left[E_k(t) - E_p(t) + W(t) \right] dt = 0,可以得到：$$

$$\int_{t_1}^{t_2}\int_0^L \{-m\ddot{w}(x,t)\delta w(x,t) - I_p\ddot{\theta}(x,t)\delta\theta(x,t) - EI_b w''''(x,t)\delta w(x,t) +$$

$$GJ\theta''(x,t)\delta\theta(x,t) + mx_e c\ddot{w}\delta\theta(x,t) + mx_e\ddot{\theta}(x,t)\delta w(x,t) -$$

$$\eta EI_b \dot{w}''''(x,t)\delta w(x,t) + \eta GJ\dot{\theta}''(x,t)\delta\theta(x,t) +$$

$$F_b(x,t)\delta w(x,t) - x_a c F_b(x,t)\delta\theta(x,t)\} \, \mathrm{d}x\mathrm{d}t = 0$$

$$(3\text{-}14)$$

由此可以得到系統的控制方程為：

$$m\ddot{w}(x,t) + EI_b w''''(x,t) - mx_e c\ddot{\theta}(x,t) + \eta EI_b \dot{w}''''(x,t) = F_b(x,t)$$

$$(3\text{-}15)$$

$$I_p\ddot{\theta}(x,t) - GJ\theta''(x,t) - mx_e c\ddot{w}(x,t) - \eta GJ\dot{\theta}''(x,t) = -x_a c F_b(x,t)$$

$$(3\text{-}16)$$

其中，變量 x，t 滿足 $\forall (x,t)\in(0,L)\times[0,\infty)$。

由下列等式可計算出邊界條件：

$$\int_{t_1}^{t_2}\{-EI_b w''(x,t)\delta w'(x,t)\,|_0^L + EI_b w'''(x,t)\delta w(x,t)\,|_0^L - GJ\theta'(x,t)\delta\theta(x,t)\,|_0^L -$$

$$\eta EI_b \dot{w}''(x,t)\delta w'(x,t)\,|_0^L + \eta EI_b \dot{w}'''(x,t)\delta w(x,t)\,|_0^L - \eta GJ\dot{\theta}'(x,t)\delta\theta(x,t)\,|_0^L +$$

$$F(t)\delta w(L,t) + M(t)\delta\theta(L,t)\}\mathrm{d}t = 0$$

$$(3\text{-}17)$$

則系統的邊界條件可以表示為：

$$w(0,t) = w'(0,t) = w''(L,t) = \theta(0,t) = 0$$
$$EI_b w'''(L,t) = F(t) \tag{3-18}$$
$$GJ\theta'(L,t) = M(t)$$

其中，$\forall t\in[0,\infty)$。

在上述建模推導過程中，做出了以下假設：

假設 3.1：對於柔性翼兩個自由度（撲動和扭轉）所受的邊界擾動，假設存在兩個正的常量 $D\in R^+$ 以及 $\phi\in R^+$ 使得邊界擾動滿足 $|w(x,t)|\leqslant D$ 和 $|\theta(x,t)|\leqslant\phi$，$\forall (x,t)\in(0,L)\times[0,\infty)$。因為在柔性翼運動的實際環境中所受的外界擾動蘊含的能量顯然是有限的，所以做出以上的假設是合理的。

3.2　單柔性翼邊界控制器設計及穩定性分析

在上一節中，可以清楚地知道柔性翼是一個典型的分布參數系統，

對於分布參數系統控制常見的方法包括模態控制、分布式控制以及邊界控制。採用模態控制研究分布參數系統時，就是將無窮維的動力學模型進行離散近似處理為有限維的系統模型，也就是將由一組偏微分方程表述的控制方程和常微分方程表述的邊界條件的系統動力學模型離散為有限個數的常微分方程組來描述。在系統模型的處理過程中，只是運用了有限個模態來近似地表示系統所有模態的運動狀態，透過研究這些模態的動力學特性，從而來近似完成對於整個分布參數系統的分析研究。

然而，在對分布參數系統做近似化處理的時候，分布參數系統的無窮維特性僅表現在了系統的幾個關鍵模態上，即系統中其他沒有被處理到的模態就沒有被控制，因此，這一系列沒有被處理的模態就有可能會導致系統產生溢出效應[34]，影響系統分析研究的準確性，甚至有可能會導致系統的不穩定。為了克服這一缺陷，就需要增加所用到模態數量，但是，隨著模態數量的增加，不可避免地需要在柔性翼上安裝更多測量傳感器來檢測系統中所需的訊號，從工程的角度來說，採用過多的模態會使基於此所設計的控制器難以實現。當所研究的模態數量不斷增加時，就可以得到所提出的分布式控制，相較於模態控制來說，分布式控制的設計及其控制效果可能會更為理想，但其需要在柔性翼上安裝較多的傳感器和執行器，這種分布式控制在實際的控制器運用中很難得到實現。為了避免以上兩種控制策略的弊端，對仿生撲翼飛行機器人翅膀的控制提出主動的邊界控制策略[66~69]。三類控制方法的對比分析見表 3-1。

表 3-1　三類控制方法比較

控制方法	模態控制	分布式控制	邊界控制
系統模型	ODE 模型	PDE 模型	PDE 模型
優點	模型簡單,研究方法成熟	控制設計簡單有效	既能避免溢出效應又易於實現
缺點	未考慮系統所有的模態,忽略的模態可能會導致溢出效應,引起系統不穩定	需要的執行器太多,難以實現	設計過程困難

針對具有無窮維特性的柔性結構的振動抑制問題，邊界控制策略是直接建立在上一節所搭建的柔性翼動力學模型的基礎上，基於其無窮維 PDE-ODEs 的系統動力學模型，利用 Lyapunov 直接法[70]來設計主動的邊界控制器。在所設計的控制方案中，透過安裝在柔性翼兩端的有限個傳感器來採集柔性翼端點的狀態訊號，然後將檢測得到的訊號以及透過後向差分算法得到的訊號來組成所設計的邊界控制，以有效地抑制由外

界環境擾動引起的整個柔性翼系統的結構振動，維持該閉環系統的穩定性，保證柔性翼的振動在一個合理的範圍以內。

考慮到柔性翼模型屬於分布參數系統，進一步考慮外界擾動、負載和輸入輸出約束的影響，撲翼飛行機器人的動力學模型相對比較複雜，要想使撲翼飛行機器人達到理想的控制效果，如何對撲翼飛行機器人進行動力學分析和建立較為精確的 PDE 模型是亟待解決的關鍵科學問題之一。

在本節中，透過設計邊界控制 $F(t)$ 和 $M(t)$ 來抑制柔性翼彎曲和扭轉的這兩個自由度的位移量 $w(x,t)$ 和 $\theta(x,t)$，從而使柔性翼系統的振動保持在一個極小的範圍內。對於柔性翼的 PDE-ODEs 模型，運用李雅普諾夫直接法，設計有效的邊界控制器來達到控制目的。

撲翼飛行機器人的結構為剛柔耦合系統，模型中有部分參數是不確定的。本節主要研究仿生撲翼飛行機器人的先進控制關鍵技術，提出一種自適應邊界控制方法來抑制柔性翼的振動，並分析加入控制後閉環系統的穩定性。邊界控制作為一種近幾年發展起來的控制方法，對分布參數系統的控制效果非常好。它能夠調節柔性翼的位移和彈性形變，削弱振盪，保證系統所有的訊號能夠最終一致有界。同時，邊界控制具有避免溢出效應以及無需分布傳感器、控制器等獨特優勢，被廣泛應用於柔性結構的主動振動控制中。

因此，對於外界擾動引起的柔性翼變形問題，需要設計可靠的邊界控制器，解決該種分布參數系統的控制問題。基於上一節提出的柔性翼飛行器的模型，採用李雅普諾夫直接法驗證控制器的有效性，同時證明閉環系統的一致有界性，最後透過選取合適的參數，保證控制器能達到理想效果。

整個控制設計流程圖如圖 3-3 所示。

設計的邊界控制器為：

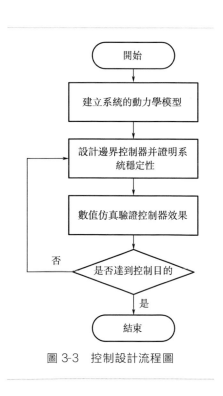

圖 3-3　控制設計流程圖

$$U(t)=k_1[\alpha w(L,t)+\beta \dot{w}(L,t)]$$

$$V(t)=-k_2[\alpha \theta(L,t)+\beta \dot{\theta}(L,t)]$$

(3-19)

式中，$U(t)=F(t)+\eta \dot{F}(t)$；$V(t)=M(t)+\eta \dot{M}(t)$ 是新的控制變量；k_1 和 k_2 是控制增益，是正常數。

引理 3.1：構造的李雅普諾夫函數是具有上下界的函數，可以表示為：

$$V(t)=V_1(t)+\Delta(t)$$

(3-20)

式中，$V_1(t)$ 和 $\Delta(t)$ 分別定義為：

$$V_1(t)=\frac{\beta}{2}m\int_0^L[\dot{w}(x,t)]^2 \mathrm{d}x+\frac{\beta}{2}EI_{\mathrm{b}}\int_0^L[w''(x,t)]^2 \mathrm{d}x+$$

$$\frac{\beta}{2}I_{\mathrm{p}}\int_0^L[\dot{\theta}(x,t)]^2 \mathrm{d}x+\frac{\beta}{2}GJ\int_0^L[\theta'(x,t)]^2 \mathrm{d}x$$

(3-21)

$$\Delta(t)=\alpha m\int_0^L \dot{w}(x,t)w(x,t)\mathrm{d}x+\alpha I_{\mathrm{p}}\int_0^L \dot{\theta}(x,t)\theta(x,t)\mathrm{d}x-$$

$$\alpha m x_{\mathrm{e}}c\int_0^L[\dot{w}(x,t)\theta(x,t)+w(x,t)\dot{\theta}(x,t)]\mathrm{d}x-$$

$$\beta x_{\mathrm{e}}c\int_0^L \dot{w}(x,t)\dot{\theta}(x,t)\mathrm{d}x$$

(3-22)

式中，α 和 β 都是較小的正權係數。

證明：為了證明提出的李雅普諾夫函數 $V(t)$ 正定，定義一個新的函數如下：

$$\kappa(t)=\int_0^L \{[\dot{w}(x,t)]^2+[w''(x,t)]^2+[\dot{\theta}(x,t)]^2+[\theta'(x,t)]^2\}\mathrm{d}x$$

(3-23)

則 $V_1(t)$ 有上下界：

$$\gamma_2 \kappa(t)\leqslant V_1(t)\leqslant \gamma_1 \kappa(t)$$

(3-24)

其中，$\gamma_1=\frac{\beta}{2}\max\{m,EI_{\mathrm{b}},I_{\mathrm{p}},GJ\}$；$\gamma_2=\frac{\beta}{2}\min\{m,EI_{\mathrm{b}},I_{\mathrm{p}},GJ\}$。

應用引理 2.2，可以得出：

$$|\Delta(t)|\leqslant \alpha m\left\{\int_0^L[\dot{w}(x,t)]^2 \mathrm{d}x+L^4\int_0^L[w''(x,t)]^2 \mathrm{d}x\right\}+$$

$$\alpha I_{\mathrm{p}}\left\{\int_0^L[\dot{\theta}(x,t)]^2 \mathrm{d}x+L^2\int_0^L[\theta'(x,t)]^2 \mathrm{d}x\right\}+$$

$$\alpha m x_{\mathrm{e}}c\left\{\int_0^L[\dot{w}(x,t)]^2 \mathrm{d}x+\int_0^L[\dot{\theta}(x,t)]^2 \mathrm{d}x+L^4\int_0^L[w''(x,t)]^2 \mathrm{d}x+\right.$$

$$L^2 \int_0^L [\theta'(x,t)]^2 \mathrm{d}x \right\} + \beta m x_\mathrm{e} c \left\{ \int_0^L [\dot{w}(x,t)]^2 \mathrm{d}x + \int_0^L [\dot{\theta}(x,t)]^2 \mathrm{d}x \right\}$$

$$= (\alpha m + \alpha m x_\mathrm{e} c + \beta m x_\mathrm{e} c) \int_0^L [\dot{w}(x,t)]^2 \mathrm{d}x +$$

$$(\alpha m + \alpha m x_\mathrm{e} c) L^4 \int_0^L [w''(x,t)]^2 \mathrm{d}x +$$

$$(\alpha I_\mathrm{p} + \alpha m x_\mathrm{e} c + \beta m x_\mathrm{e} c) \int_0^L [\dot{\theta}(x,t)]^2 \mathrm{d}x +$$

$$(\alpha I_\mathrm{p} + \alpha m x_\mathrm{e} c) L^2 \int_0^L [\theta'(x,t)]^2 \mathrm{d}x$$

$$\leqslant \gamma_3 \kappa(t)$$

$$(3\text{-}25)$$

式中

$$\gamma_3 = \max \{ \alpha m + \alpha m x_\mathrm{e} c + \beta m x_\mathrm{e} c, (\alpha m + \alpha m x_\mathrm{e} c) L^4, \alpha I_\mathrm{p} +$$

$$\alpha m x_\mathrm{e} c + \beta m x_\mathrm{e} c, (\alpha I_\mathrm{p} + \alpha m x_\mathrm{e} c) L^2 \}$$

如果存在正数 β 滿足 $\beta > \dfrac{2\gamma_3}{\min\{m, I_\mathrm{p}, EI_\mathrm{b}, GJ\}}$，則有：

$$0 \leqslant \lambda_2 \kappa(t) \leqslant V(t) \leqslant \lambda_1 \kappa(t) \tag{3-26}$$

即構造的李雅普諾夫函數正定，其中 $\lambda_2 = \gamma_2 - \gamma_3$，$\lambda_1 = \gamma_1 + \gamma_3$。

引理 3.2： 構造的李雅普諾夫函數式（3-20）對時間的導數也是有上界的，表示為：

$$\dot{V}(t) \leqslant -\lambda V(t) + \varepsilon \tag{3-27}$$

式中，λ 是一個正常值；ε 也為一個正常值。

證明： 對構造的李雅普諾夫函數式（3-20）求時間的偏導為：

$$\dot{V}(t) = \dot{V}_1(t) + \dot{\Delta}(t) \tag{3-28}$$

對式（3-21）求對時間的導數以及導入控制方程式（3-15）和式（3-16），可以得到：

$$\dot{V}_1(t) = \beta m \int_0^L \dot{w}(x,t)\ddot{w}(x,t)\mathrm{d}x + \beta I_\mathrm{p} \int_0^L \dot{\theta}(x,t)\ddot{\theta}(x,t)\mathrm{d}x +$$

$$\beta GJ \int_0^L \theta'(x,t)\dot{\theta}'(x,t)\mathrm{d}x + \beta EI_\mathrm{b} \int_0^L w''(x,t)\dot{w}''(x,t)\mathrm{d}x \leqslant$$

$$-\left(\frac{\beta\eta EI_\mathrm{b}}{2L^4} - \sigma_1\beta\right) \int_0^L [\dot{w}(x,t)]^2 \mathrm{d}x - \left(\frac{\beta\eta GJ}{2L^2} - \sigma_2\beta x_\mathrm{a} c\right) \int_0^L [\dot{\theta}(x,t)]^2 \mathrm{d}x -$$

$$\frac{\beta\eta EI_\mathrm{b}}{2} \int_0^L [\dot{w}''(x,t)]^2 \mathrm{d}x - \frac{\beta\eta GJ}{2} \int_0^L [\dot{\theta}'(x,t)]^2 \mathrm{d}x -$$

$$\beta\dot{w}(L,t)[F(t) + \eta\dot{F}(t)] + \beta\dot{\theta}(L,t)[M(t) + \eta\dot{M}(t)] +$$

$$\beta m x_e c \int_0^L [\dot{w}(x,t)\ddot{\theta}(x,t) + \ddot{w}(x,t)\dot{\theta}(x,t)]\mathrm{d}x + \left(\frac{\beta}{\sigma_1} + \frac{\beta x_a c}{\sigma_2}\right)LF_{b\max}^2$$

$$(3\text{-}29)$$

對 $\Delta(t)$ 的微分可以得到：

$$\dot{\Delta}(t) = \alpha m \left\{\int_0^L \ddot{w}(x,t)w(x,t)\mathrm{d}x + \int_0^L [\dot{w}(x,t)]^2 \mathrm{d}x\right\} +$$

$$\alpha I_p \left\{\int_0^L \ddot{\theta}(x,t)\theta(x,t)\mathrm{d}x + \int_0^L [\dot{\theta}(x,t)]^2 \mathrm{d}x\right\} -$$

$$\beta m x_e c \int_0^L [\dot{w}(x,t)\ddot{\theta}(x,t) + \ddot{w}(x,t)\dot{\theta}(x,t)]\mathrm{d}x -$$

$$\alpha m x_e c \int_0^L [\ddot{w}(x,t)\theta(x,t) + 2\dot{w}(w,t)\dot{\theta}(x,t) + w(x,t)\ddot{\theta}(x,t)]\mathrm{d}x$$

$$\leqslant - \left(\alpha EI_b - \frac{\alpha \eta EI_b}{\sigma_3} - \sigma_6 \alpha L^4\right)\int_0^L [w''(x,t)]^2 \mathrm{d}x -$$

$$\left(\alpha GJ - \frac{\alpha \eta GJ}{\sigma_4} - \sigma_7 L^2 x_a c\right)\int_0^L [\theta'(x,t)]^2 \mathrm{d}x +$$

$$(\alpha m + 2\alpha m x_e c\sigma_5)\int_0^L [\dot{w}(x,t)]^2 \mathrm{d}x + \left(\alpha I_p + \frac{2\alpha m x_e c}{\sigma_5}\right)\int_0^L [\dot{\theta}(x,t)]^2 \mathrm{d}x +$$

$$\alpha \eta EI_b \sigma_3 \int_0^L [\dot{w}''(x,t)]^2 \mathrm{d}x + \alpha \eta GJ \sigma_4 \int_0^L [\dot{\theta}'(x,t)]^2 \mathrm{d}x -$$

$$\beta m x_e c \int_0^L [\dot{w}(x,t)\ddot{\theta}(x,t) + \ddot{w}(x,t)\dot{\theta}(x,t)]\mathrm{d}x +$$

$$\alpha \theta(L,t)[M(t) + \eta \dot{M}(t)] - \alpha w(L,t)[F(t) + \eta \dot{F}(t)] +$$

$$\left(\frac{\alpha}{\sigma_6} + \frac{\alpha x_a c}{\sigma_7}\right)LF_{b\max}^2$$

$$(3\text{-}30)$$

將式(3-29) 和式(3-30) 代入式(3-28) 整理後可以得到：

$$\dot{V}(t) = \dot{V}_1(t) + \dot{\Delta}(t)$$

$$\leqslant - \left(\frac{\beta \eta EI_b}{2L^4} - \sigma_1 \beta\right)\int_0^L [\dot{w}(x,t)]^2 \mathrm{d}x - \left(\frac{\beta \eta GJ}{2L^2} - \sigma_2 \beta x_a c\right)\int_0^L [\dot{\theta}(x,t)]^2 \mathrm{d}x -$$

$$\frac{\beta \eta EI_b}{2}\int_0^L [\dot{w}''(x,t)]^2 \mathrm{d}x - \frac{\beta \eta GJ}{2}\int_0^L [\dot{\theta}'(x,t)]^2 \mathrm{d}x +$$

$$\beta m x_e c \int_0^L [\dot{w}(x,t)\ddot{\theta}(x,t) + \ddot{w}(x,t)\dot{\theta}(x,t)]\mathrm{d}x -$$

$$\beta \dot{w}(L,t)[F(t) + \eta \dot{F}(t)] + \beta \dot{\theta}(L,t)[M(t) + \eta \dot{M}(t)] +$$

$$\left(\frac{\beta}{\sigma_1} + \frac{\beta x_a c}{\sigma_2}\right) LF_{b\max}^2 + \left(\frac{\alpha}{\sigma_6} + \frac{\alpha x_a c}{\sigma_7}\right) LF_{b\max}^2 -$$

$$\left(\alpha EI_b - \frac{\alpha \eta EI_b}{\sigma_3} - \sigma_6 \alpha L^4\right) \int_0^L [w''(x,t)]^2 dx -$$

$$\left(\alpha GJ - \frac{\alpha \eta GJ}{\sigma_4} - \sigma_7 \alpha L^2 x_a c\right) \int_0^L [\theta'(x,t)]^2 dx +$$

$$(\alpha m + 2\alpha m x_e c\sigma_5) \int_0^L [\dot{w}(x,t)]^2 dx + \left(\alpha I_p + \frac{2\alpha m x_e c}{\sigma_5}\right) \int_0^L [\dot{\theta}(x,t)]^2 dx +$$

$$\alpha \eta EI_b \sigma_3 \int_0^L [\dot{w}''(x,t)]^2 dx + \alpha \eta GJ \sigma_4 \int_0^L [\dot{\theta}'(x,t)]^2 dx -$$

$$\beta m x_e c \int_0^L [\dot{w}(x,t)\ddot{\theta}(x,t) + \ddot{w}(x,t)\dot{\theta}(x,t)] dx +$$

$$\alpha \theta(L,t)[M(t) + \eta \dot{M}(t)] - \alpha w(L,t)[F(t) + \eta \dot{F}(t)]$$

$$\leqslant [\alpha \theta(L,t) + \beta \dot{\theta}(L,t)][M(t) + \eta \dot{M}(t)] -$$

$$[\alpha w(L,t) + \beta \dot{w}(L,t)][F(t) + \eta F(t)] -$$

$$\left(\alpha EI_b - \frac{\alpha \eta EI_b}{\sigma_3} - \sigma_6 \alpha L^4\right) \int_0^L [w''(x,t)]^2 dx -$$

$$\left(\alpha GJ - \frac{\alpha \eta GJ}{\sigma_4} - \sigma_7 L^2 x_a c\right) \int_0^L [\theta'(x,t)]^2 dx -$$

$$\left(\frac{\beta \eta EI_b}{2L^4} - \sigma_1 \beta - \alpha m - 2\alpha m x_e c\sigma_5\right) \int_0^L [\dot{w}(x,t)]^2 dx -$$

$$\left(\frac{\beta \eta GJ}{2L^2} - \sigma_2 \beta x_a c - \alpha I_p - \frac{2\alpha m x_e c}{\sigma_5}\right) \int_0^L [\dot{\theta}(x,t)]^2 dx -$$

$$\left(\frac{\beta \eta EI_b}{2} - \alpha \eta EI_b \sigma_3\right) \int_0^L [\dot{w}''(x,t)]^2 dx -$$

$$\left(\frac{\beta \eta GJ}{2} - \alpha \eta GJ \sigma_4\right) \int_0^L [\dot{\theta}'(x,t)]^2 dx +$$

$$\left(\frac{\beta}{\sigma_1} + \frac{\beta x_a c}{\sigma_2} + \frac{\alpha}{\sigma_6} + \frac{\alpha x_a c}{\sigma_7}\right) LF_{b\max}^2$$

$$(3\text{-}31)$$

利用設計的控制器，使 $\dfrac{\beta \eta EI_b}{2} - \alpha \eta EI_b \sigma_3 \geqslant 0$，$\dfrac{\beta \eta GJ}{2} - \alpha \eta GJ \sigma_4 \geqslant 0$，可以得出：

$$\dot{V}(t) \leqslant -\mu_1 \int_0^L [\dot{w}(x,t)]^2 \mathrm{d}x - \mu_2 \int_0^L [\dot{\theta}(x,t)]^2 \mathrm{d}x -$$

$$\mu_3 \int_0^L [w''(x,t)]^2 \mathrm{d}x - \mu_4 \int_0^L [\theta'(x,t)]^2 \mathrm{d}x + \varepsilon \qquad (3\text{-}32)$$

$$\leqslant -\lambda_3 \kappa(t) + \varepsilon$$

式中：

$$\mu_1 = \frac{\beta \eta EI_\mathrm{b}}{2L^4} - \sigma_1 \beta - \alpha m - 2\alpha m x_\mathrm{e} c \sigma_5 > 0$$

$$\mu_2 = \frac{\beta \eta GJ}{2L^2} - \sigma_2 \beta x_\mathrm{a} c - \alpha I_\mathrm{p} - \frac{2\alpha m x_\mathrm{e} c}{\sigma_5} > 0$$

$$\mu_3 = \alpha EI_\mathrm{b} - \frac{\alpha \eta EI_\mathrm{b}}{\sigma_3} - \sigma_6 \alpha L^4 > 0 \qquad (3\text{-}33)$$

$$\mu_4 = \alpha GJ - \frac{\alpha \eta GJ}{\sigma_4} - \sigma_7 \alpha L^2 x_\mathrm{a} c > 0$$

$$\lambda_3 = \min\{\mu_1, \mu_2, \mu_3, \mu_4\} > 0$$

$$\varepsilon = \left(\frac{\beta}{\sigma_1} + \frac{\beta x_\mathrm{a} c}{\sigma_2} + \frac{\alpha}{\sigma_6} + \frac{\alpha x_\mathrm{a} c}{\sigma_7}\right) L F_\mathrm{bmax}^2$$

結合引理 3.1 的結論，可以得到：

$$\dot{V}(t) \leqslant -\lambda V(t) + \varepsilon \qquad (3\text{-}34)$$

式中，$\lambda = \lambda_3 / \lambda_1$。

在以上兩條引理的基礎上，運用李雅普諾夫直接法，可以進一步得到以下關於系統穩定性的定理。

定理 3.1：對控制方程式(3-15)、方程式(3-16) 和邊界條件式(3-18) 描述的柔性翼系統，在設計的控制律作用下，如果系統的初始條件是有界的，那麼整個閉環系統也是一致有界的，所以，可以做出以下結論：

該閉環系統的彎曲位移輸出狀態量 $w(x,t)$ 是收斂的，即：

$$|w(x,t)| \leqslant \sqrt{\frac{L^3}{\lambda_2}\left(V(0)\mathrm{e}^{-\lambda t} + \frac{\varepsilon}{\lambda}\right)}, \forall (x,t) \in (0,L) \times [0,\infty)$$

$$(3\text{-}35)$$

該閉環系統的扭轉位移輸出狀態量 $\theta(x,t)$ 是收斂的，即：

$$|\theta(x,t)| \leqslant \sqrt{\frac{L}{\lambda_2}\left(V(0)\mathrm{e}^{-\lambda t} + \frac{\varepsilon}{\lambda}\right)}, \forall (x,t) \in (0,L) \times [0,\infty)$$

$$(3\text{-}36)$$

證明：由引理 3.2 中的式(3-34) 可進一步得到：

$$\dot{V}(t)\mathrm{e}^{\lambda t} \leqslant -\lambda V(t)\mathrm{e}^{\lambda t} + \varepsilon\mathrm{e}^{\lambda t} \qquad (3\text{-}37)$$

對式(3-37) 左右兩邊進行積分運算可得：

$$V(t) \leqslant \left[V(0) - \frac{\varepsilon}{\lambda}\right]\mathrm{e}^{-\lambda t} + \frac{\varepsilon}{\lambda} \leqslant V(0)\mathrm{e}^{-\lambda t} + \frac{\varepsilon}{\lambda} \qquad (3\text{-}38)$$

由此可知，上文中所構造的李雅普諾夫函數 $V(t)$ 是有界的，由式(3-26) 以及引理 2.2，可以得到：

$$\frac{1}{L^3}[w(x,t)]^2 \leqslant \frac{1}{L^2}\int_0^L [w'(x,t)]^2 \mathrm{d}x \leqslant \int_0^L [w''(x,t)]^2 \mathrm{d}x \leqslant \kappa(t) \leqslant \frac{1}{\lambda_2}V(t)$$

$$(3\text{-}39)$$

結合式(3-37)，能導出閉環系統的輸出狀態量 $w(x,t)$ 是有界的，其臨界值為：

$$|w(x,t)| \leqslant \sqrt{\frac{L^3}{\lambda_2}\left(V(0)\mathrm{e}^{-\lambda t} + \frac{\varepsilon}{\lambda}\right)}, \forall (x,t) \in (0,L) \times [0,\infty)$$

$$(3\text{-}40)$$

同理可以得到：

$$|\theta(x,t)| \leqslant \sqrt{\frac{L}{\lambda_2}\left(V(0)\mathrm{e}^{-\lambda t} + \frac{\varepsilon}{\lambda}\right)}, \forall (x,t) \in (0,L) \times [0,\infty)$$

$$(3\text{-}41)$$

從式(3-40) 和式(3-41) 的表達形式上不難得出，當時間 $t \to \infty$ 時，透過選擇合適的參數，以上兩式中所描述的系統輸出狀態量將收斂至 0 的較小鄰域範圍內。

3.3 MATLAB 數值仿真

以上的論述部分，從理論上嚴格地證明了所設計的邊界控制器能夠有效地抑制由外界環境擾動引起的柔性翼的振動，在本節中，運用有限差分法，以及透過選擇合適的系統參數和控制參數來對上文所設計的控制器做進一步的驗證。具體的系統參數在表 3-2 中給出。

表 3-2　柔性翼的系統參數值

參數	參數描述	參數值
L	柔性翼的長度	2m
m	單位展長的質量密度	2kg/m
I_p	柔性翼的慣性極矩	1.5kg·m
EI_b	抗彎剛度	0.12N·m^2

續表

參數	參數描述	參數值
GJ	扭轉剛度	$0.2\text{N} \cdot \text{m}^2$
$x_e c$	柔性翼質心到彎曲中心的距離	0.25m
$x_a c$	氣動中心到彎曲中心的距離	0.05m
η	Kelvin-Voigt 阻尼係數	0.05

在對施加了邊界控制作用的柔性翼進行數位仿真時，定義該系統的初始條件為：$w(x,0)=x/L$，$\theta(x,0)=\pi x/2L$，$\dot{w}(x,0)=0$ 以及 $\dot{\theta}(x,0)=0$。另外，柔性翼所受的外界環境擾動 $F_b(x,t)$ 設定為週期性函數，定義為：

$$F_b(x,t)=[1+\sin(\pi t)+3\cos(3\pi t)]x/3 \tag{3-42}$$

在不施加控制時，不給柔性翼施加任何的作用力，研究由外界環境擾動引起的柔性翼振動情況，即 $F(t)=M(t)=0$。透過 MATLAB 仿真得到不施加控制的系統輸出狀態量隨時間的變化情況，如圖 3-4、圖 3-5 所示。

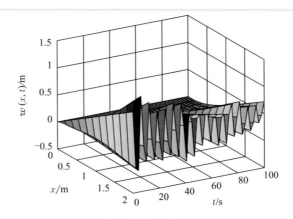

圖 3-4　柔性翼的彎曲位移量 $w(x,t)$

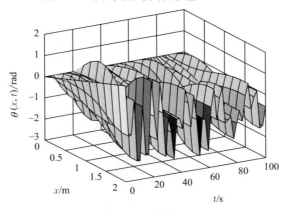

圖 3-5　柔性翼的扭轉位移量 $\theta(x,t)$

　　圖 3-4 給出了不施加控制的柔性翼的彈性形變 $w(x,t)$，圖 3-5 給出了不施加控制器時柔性翼扭轉的位移 $\theta(x,t)$。從以上兩個圖中可以清楚地看出，柔性翼的輸出狀態量在外界環境擾動的作用下呈現不規則的振動，隨著時間的推移呈發散式的增大或者振動沒有任何衰減的趨勢，這種情況必將影響系統的穩定性。

　　當對柔性翼施加邊界控制之後，對柔性翼根部加載的撲動控制器以及在尖端加載的扭轉控制器施加了邊界控制訊號，用於減小由外界環境擾動引起的柔性翼的振動，從而減少由振動引起的控制誤差，保證整個系統的控制效果。其中，撲動控制器 $F(t)$ 和扭轉控制器 $M(t)$ 控制參數 $k_1=50$，$k_2=150$，$\alpha=50$，$\beta=1$。

　　圖 3-6 清楚地描述了施加了所設計的邊界控制器後柔性翼的形變量，而施加了邊界控制器後柔性翼的扭轉位移如圖 3-7 所示。從圖中可以清晰地看出，在柔性翼系統上施加了所設計的主動邊界控制器之後，柔性翼的輸出狀態量在外界環境擾動作用下可以在短時間內收斂到零附近。

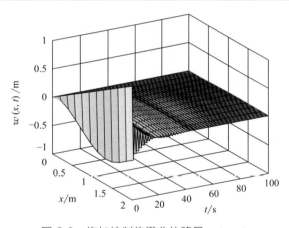

圖 3-6　施加控制後彎曲位移量 $w(x,t)$

　　圖 3-8 和圖 3-9 比較了施加邊界控制器前後柔性翼末端彎曲位移 $w(L,t)$ 和扭轉位移 $\theta(L,t)$ 的變化情況，從圖中可以看出，施加邊界控制器後柔性翼末端的形變量位移 $w(L,t)$ 和扭轉角位移 $\theta(L,t)$ 相比沒有施加控制算法有了很大的改觀。因此，設計的控制器有較好的抑制振動效果，能夠保證柔性翼在分布式擾動 $F_b(x,t)$ 作用下保持系統穩定。系統的邊界控制器 $F(t)$ 和 $M(t)$ 如圖 3-10 所示。

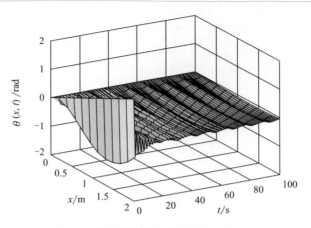

圖 3-7　施加控制後扭轉位移量 $\theta(x,t)$

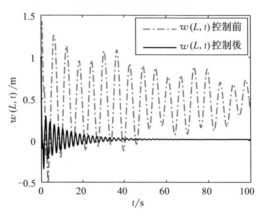

圖 3-8　控制前後末端彎曲位移量 $w(L,t)$對比

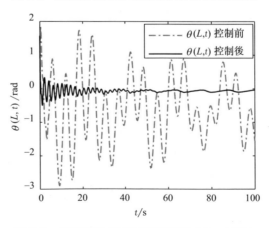

圖 3-9　控制前後末端扭轉位移量 $\theta(L,t)$對比

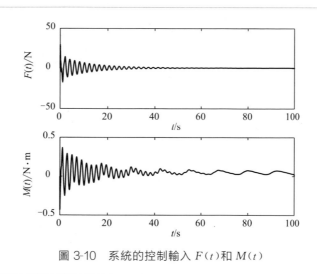

圖 3-10　系統的控制輸入 $F(t)$ 和 $M(t)$

3.4　本章小結

　　本章採用 Hamilton 原理對仿生撲翼飛行機器人柔性翼進行動力學建模，得到一組關於翅膀扭轉變形的二階雙曲 PDE 方程和彎曲變形的四階 Euler-Bernoulli 梁 PDE 方程，以及一組邊界條件的 ODE（Ordinary Differential Equation）方程。設計了一組邊界控制器來抑制柔性翼振動，使其迅速衰減。透過李雅普諾夫直接法證明了系統的穩定性。最後透過 MATLAB 數值仿真驗證了控制效果。

第4章

仿生撲翼飛行
機器人雙柔性翼
控制系統設計

　　先進的高強度柔性材料的出現和微電子機械系統（MEMS）的發展使實現具有柔性翼的微型撲翼飛行機器人成為可能。採用柔性翼的飛行器可以減少不穩定氣流的影響，提高其抗風能力[71]。與剛性翼相比，柔性翼升力係數大、失速角大、能耗低，特別是在低雷諾係數下，柔性翼的縱向靜穩定性略優於剛性翼[72]。但是柔性材料也導致仿生撲翼飛行機器人容易受到氣流影響，採用邊界控制[73,74] 抑制柔性翼振動有以下幾個優點：只需在翼根或翼尖等邊界處安裝傳感器和執行器，不會影響系統的動態特性，控制器的計算量也不算大，可以保證控制實時性。此外，邊界控制策略可以在李雅普諾夫函數的幫助下設計，它和系統的能量有關[75,76]。

　　本章針對雙柔性翼以及作用在雙翼中間的控制器模型進行動力學建模，以抑制雙撓性柔性翼的振動為目標設計邊界控制器，並對閉環系統穩定性進行分析以及給出嚴格的數學證明。

4.1 雙柔性翼建模與動力學分析

　　從理論上講，柔性系統需要無限維的彈性模態來描述它的動態特性。許多文獻中針對撲翼飛行機器人提出的動力學模型都是以標準的六自由度模型為基礎[77,78]，把系統看成是簡單的剛體模型。然而，剛體模型不足以描述柔性翼柔性特徵[79]。Nguyen 和 Tuzc 用一個等效梁-桿模型來描述柔性翼飛行器[80]。

　　通常有兩種邊界控制設計方法用來處理偏微分方程（PDEs）描述的系統。第一種是用數學近似方法將 PDE 方程近似為常微分方程（ODEs），然後基於常微分方程系統再去設計邊界控制器[81]。然而，由於控制器的高階模態在近似中被忽略，所以該方法潛在溢出不穩定性。另一種方法是基於原來的 PDE 系統設計控制器，避免溢出不穩定[82]。本章採用第二種方法，基於彎曲和扭轉形變相互耦合的無窮維柔性翼來設計邊界控制器[83,84]。

　　對撲翼飛行機器人的雙柔性翼建模時，將其整體考慮為左右兩柔性翼和一個被視為點載荷的執行器，如圖 4-1 所示。定義了機身座標系 xyz，x 軸為翼展方向，y 軸和 z 軸構成的平面為柔性翼截面。x 軸與柔性翼的彈性軸（EA）重合，座標原點位於執行器即柔性翼彈性軸與撲翼飛行機器人對稱軸的交點。左右柔性翼的長度均為 L，弦長度為 c，每個單位長度的質量為 ρ。橫截面的極慣性矩為 I_p，柔性翼的抗彎剛度和抗扭轉剛度分別為 EI_b 和 GJ。執行器的質量為 m_b。其中，$x_\mathrm{e}c$ 表示柔性

翼截面質心（GC）與剪切中心（EA）之間的距離，$x_a c$ 表示柔性翼空氣動力學中心（AC）和剪切中心（EA）之間的距離，如圖 4-2 所示。η 是 Kelvin-Voigt 阻尼係數，$F_{bL}(x,t)$ 和 $F_{bR}(x,t)$ 分別是左、右柔性翼受到的時變分布式氣動載荷。

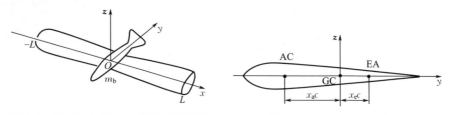

圖 4-1　撲翼飛行機器人雙柔性翼模型　　圖 4-2　撲翼飛行機器人雙柔性翼模型截面

$w_{L(R)}(x,t)$ 和 $\theta_{L(R)}(x,t)$ 表示柔性翼位於 x 處、t 時刻的彈性軸相對於初始平衡位置的彎曲和扭轉形變量。下標 L 和 R 分別代表左翼和右翼。$u(t)$ 和 $\tau(t)$ 是控制輸入力和力矩。該柔性翼的振動研究是基於 Timoshenko 梁和 Euler-Bernoulli 梁理論。同時，引入了 Kelvin-Voigt 黏彈定律來建立阻尼機制。

系統動能 $E_k(t)$ 表示如下：

$$E_k(t) = \frac{1}{2}\rho \int_{-L}^{0} [\dot{w}_L(x,t)]^2 \, dx + \frac{1}{2}I_p \int_{-L}^{0} [\dot{\theta}_L(x,t)]^2 \, dx +$$
$$\frac{1}{2}\rho \int_{0}^{L} [\dot{w}_R(x,t)]^2 \, dx + \frac{1}{2}I_p \int_{0}^{L} [\dot{\theta}_R(x,t)]^2 \, dx + \quad (4\text{-}1)$$
$$\frac{1}{2}m_b [\dot{w}(0,t)]^2 + \frac{1}{2}I_p [\dot{\theta}(0,t)]^2$$

式中，空間變量 x 和時間變量 t 是相互獨立的。

系統的勢能 $E_p(t)$ 如下：

$$E_p(t) = \frac{1}{2}EI_b \int_{-L}^{0} [w''_L(x,t)]^2 \, dx + \frac{1}{2}GJ \int_{-L}^{0} [\theta'_L(x,t)]^2 \, dx +$$
$$\frac{1}{2}EI_b \int_{0}^{L} [w''_R(x,t)]^2 \, dx + \frac{1}{2}GJ \int_{0}^{L} [\theta'_R(x,t)]^2 \, dx$$
$$(4\text{-}2)$$

柔性翼彎曲和扭轉形變耦合產生的虛功 $\delta W_c(t)$ 為：

$$\delta W_c(t) = \rho x_e c \int_{-L}^{0} [\ddot{w}_L(x,t)\delta\theta_L(x,t) + \ddot{\theta}_L(x,t)\delta w_L(x,t)] dx +$$
$$\rho x_e c \int_{0}^{L} [\ddot{w}_R(x,t)\delta\theta_R(x,t) + \ddot{\theta}_R(x,t)\delta w_R(x,t)] dx$$
$$(4\text{-}3)$$

Kelvin-Voigt 阻尼力所做的虛功 $\delta W_{\mathrm{d}}(t)$ 為：

$$\delta W_{\mathrm{d}}(t) = -\eta EI_{\mathrm{b}}\int_{-L}^{0}\dot{w}''_{\mathrm{L}}(x,t)\delta w''_{\mathrm{L}}(x,t)\mathrm{d}x - \eta GJ\int_{-L}^{0}\dot{\theta}'_{\mathrm{L}}(x,t)\delta\theta'_{\mathrm{L}}(x,t)\mathrm{d}x -$$

$$\eta EI_{\mathrm{b}}\int_{0}^{L}\dot{w}''_{\mathrm{R}}(x,t)\delta w''_{\mathrm{R}}(x,t)\mathrm{d}x - \eta GJ\int_{0}^{L}\dot{\theta}'_{\mathrm{R}}(x,t)\delta\theta'_{\mathrm{R}}(x,t)\mathrm{d}x$$

$$(4\text{-}4)$$

分布式干擾 $F_{\mathrm{bL(R)}}(x,t)$ 做的虛功 $\delta W_{\mathrm{f}}(t)$ 為：

$$\delta W_{\mathrm{f}}(t) = \int_{-L}^{0}\big[F_{\mathrm{bL}}(x,t)\delta w_{\mathrm{L}}(x,t) - x_{\mathrm{a}}cF_{\mathrm{bL}}(x,t)\delta\theta_{\mathrm{L}}(x,t)\big]\mathrm{d}x +$$

$$\int_{0}^{L}\big[F_{\mathrm{bR}}(x,t)\delta w_{\mathrm{R}}(x,t) - x_{\mathrm{a}}cF_{\mathrm{bR}}(x,t)\delta\theta_{\mathrm{R}}(x,t)\big]\mathrm{d}x$$

$$(4\text{-}5)$$

邊界控制力 $u(t)$ 和力矩 $\tau(t)$ 對系統所做的虛功 $\delta W_{\mathrm{u}}(t)$ 為：

$$\delta W_{\mathrm{u}}(t) = u(t)\delta w(0,t) + \tau(t)\delta\theta(0,t) \qquad (4\text{-}6)$$

總虛功為 $\delta W(t) = \delta[W_{\mathrm{c}}(t) + W_{\mathrm{d}}(t) + W_{\mathrm{f}}(t) + W_{\mathrm{u}}(t)]$。

根據 Hamilton 原理 $\int_{t_1}^{t_2}\delta[E_{\mathrm{k}}(t) - E_{\mathrm{p}}(t) + W(t)]\mathrm{d}t = 0$，以變分形式從能量分析中獲取運動的系統方程。該原理已經證明，在時間間隔 $[t_1,t_2]$ 內，動能減去了勢能加上總虛功變分的積分等於零。因此，得到系統的控制方程為：

$$\rho\ddot{w}_{\mathrm{L}}(x,t) + EI_{\mathrm{b}}w''''_{\mathrm{L}}(x,t) - \rho x_{\mathrm{e}}c\ddot{\theta}_{\mathrm{L}}(x,t) + \eta EI_{\mathrm{b}}\dot{w}''''_{\mathrm{L}}(x,t) = F_{\mathrm{bL}}(x,t)$$

$$(4\text{-}7)$$

$$I_{\mathrm{p}}\ddot{\theta}_{\mathrm{L}}(x,t) - GJ\theta''_{\mathrm{L}}(x,t) - \rho x_{\mathrm{e}}c\ddot{w}_{\mathrm{L}}(x,t) - \eta GJ\dot{\theta}''_{\mathrm{L}}(x,t) = -x_{\mathrm{a}}cF_{\mathrm{bL}}(x,t)$$

$$(4\text{-}8)$$

$$\rho\ddot{w}_{\mathrm{R}}(x,t) + EI_{\mathrm{b}}w''''_{\mathrm{R}}(x,t) - \rho x_{\mathrm{e}}c\ddot{\theta}_{\mathrm{R}}(x,t) + \eta EI_{\mathrm{b}}\dot{w}''''_{\mathrm{R}}(x,t) = F_{\mathrm{bR}}(x,t)$$

$$(4\text{-}9)$$

$$I_{\mathrm{p}}\ddot{\theta}_{\mathrm{R}}(x,t) - GJ\theta''_{\mathrm{R}}(x,t) - \rho x_{\mathrm{e}}c\ddot{w}_{\mathrm{R}}(x,t) - \eta GJ\dot{\theta}''_{\mathrm{R}}(x,t) = -x_{\mathrm{a}}cF_{\mathrm{bR}}(x,t)$$

$$(4\text{-}10)$$

求得系統的邊界條件為：

$$w_{\mathrm{L}}(0,t) = w_{\mathrm{R}}(0,t) = w(0,t) \qquad (4\text{-}11)$$

$$\theta_{\mathrm{L}}(0,t) = \theta_{\mathrm{R}}(0,t) = \theta(0,t) \qquad (4\text{-}12)$$

$$w'_{\mathrm{L}}(0,t) = w'_{\mathrm{R}}(0,t) = 0 \qquad (4\text{-}13)$$

$$w''_{\mathrm{L}}(-L,t) = w''_{\mathrm{R}}(L,t) = 0 \qquad (4\text{-}14)$$

$$w'''_{\mathrm{L}}(-L,t) + \eta\dot{w}'''_{\mathrm{L}}(-L,t) = 0 \qquad (4\text{-}15)$$

$$w'''_{\mathrm{R}}(L,t) + \eta\dot{w}'''_{\mathrm{R}}(L,t) = 0 \qquad (4\text{-}16)$$

$$\theta'_{\mathrm{L}}(-L,t)+\eta\dot{\theta}'_{\mathrm{L}}(-L,t)=0 \tag{4-17}$$

$$\theta'_{\mathrm{R}}(L,t)+\eta\dot{\theta}'_{\mathrm{R}}(L,t)=0 \tag{4-18}$$

$$m_{\mathrm{b}}\ddot{w}(0,t)-EI_{\mathrm{b}}w'''_{\mathrm{L}}(0,t)-\eta EI_{\mathrm{b}}\dot{w}'''_{\mathrm{L}}(0,t)+$$
$$EI_{\mathrm{b}}w'''_{\mathrm{R}}(0,t)+\eta EI_{\mathrm{b}}\dot{w}'''_{\mathrm{R}}(0,t)=u(t) \tag{4-19}$$

$$I_{\mathrm{p}}\ddot{\theta}(0,t)+GJ\theta'_{\mathrm{L}}(0,t)+\eta GJ\dot{\theta}'_{\mathrm{L}}(0,t)-GJ\theta'_{\mathrm{R}}(0,t)-\eta GJ\dot{\theta}'_{\mathrm{R}}(0,t)=\tau(t) \tag{4-20}$$

4.2　雙柔性翼邊界控制器設計及穩定性分析

　　引理 4.1（Poincare 不等式）：對於 $\forall\psi(x,t)$，在區間 $[L_1,L_2]$ 上連續可導，則滿足以下不等式：

$$\int_{L_1}^{L_2}[\psi(x,t)]^2\mathrm{d}x\leqslant 2(L_2-L_1)[\psi(L_1,t)]^2+4(L_2-L_1)^2\int_{L_1}^{L_2}[\psi'(x,t)]^2\mathrm{d}x \tag{4-21}$$

$$\int_{L_1}^{L_2}[\psi(x,t)]^2\mathrm{d}x\leqslant 2(L_2-L_1)[\psi(L_2,t)]^2+4(L_2-L_1)^2\int_{L_1}^{L_2}[\psi'(x,t)]^2\mathrm{d}x \tag{4-22}$$

$$[\psi(x,t)]^2\leqslant[\psi(L_1,t)]^2+\int_{L_1}^{L_2}[\psi(x,t)]^2\mathrm{d}x+\int_{L_1}^{L_2}[\psi'(x,t)]^2\mathrm{d}x \tag{4-23}$$

$$[\psi(x,t)]^2\leqslant[\psi(L_2,t)]^2+\int_{L_1}^{L_2}[\psi(x,t)]^2\mathrm{d}x+\int_{L_1}^{L_2}[\psi'(x,t)]^2\mathrm{d}x \tag{4-24}$$

　　其中，$\forall(x,t)\in[L_1,L_2]\times[0,\infty)$。

　　對於柔性翼系統，控制目標是透過在兩柔性翼中間處施加邊界控制力 $u(t)$ 和邊界控制力矩 $\tau(t)$，抑制柔性翼的非常規彎曲和扭轉變形。此外，當 $t\to\infty$ 時，實現閉環系統的一致最終有界。

　　在系統參數已知的條件下，設計邊界控制器為：

$$u(t)=-k_{\mathrm{w}}u_{\mathrm{w}}(t)-\beta m_{\mathrm{b}}\dot{w}(0,t) \tag{4-25}$$

$$\tau(t)=-k_{\theta}u_{\theta}(t)-\beta I_{\mathrm{p}}\dot{\theta}(0,t) \tag{4-26}$$

　　式中，k_{w} 和 k_{θ} 是兩個正的控制增益；$u_{\mathrm{w}}(t)=\beta w(0,t)+\dot{w}(0,t)$；$u_{\theta}(t)=\beta\theta(0,t)+\dot{\theta}(0,t)$。

　　給定李雅普諾夫函數如下：

$$V(t) = V_1(t) + V_2(t) + \Delta(t) \tag{4-27}$$

式中，

$$V_1(t) = \frac{\rho}{2}\int_{-L}^{0}[\dot{w}_{\mathrm{L}}(x,t)]^2\mathrm{d}x + \frac{EI_{\mathrm{b}}}{2}\int_{-L}^{0}[w''_{\mathrm{L}}(x,t)]^2\mathrm{d}x +$$

$$\frac{I_{\mathrm{p}}}{2}\int_{-L}^{0}[\dot{\theta}_{\mathrm{L}}(x,t)]^2\mathrm{d}x + \frac{GJ}{2}\int_{-L}^{0}[\theta'_{\mathrm{L}}(x,t)]^2\mathrm{d}x +$$

$$\frac{\rho}{2}\int_{0}^{L}[\dot{w}_{\mathrm{R}}(x,t)]^2\mathrm{d}x + \frac{EI_{\mathrm{b}}}{2}\int_{0}^{L}[w''_{\mathrm{R}}(x,t)]^2\mathrm{d}x +$$

$$\frac{I_{\mathrm{p}}}{2}\int_{0}^{L}[\dot{\theta}_{\mathrm{R}}(x,t)]^2\mathrm{d}x + \frac{GJ}{2}\int_{0}^{L}[\theta'_{\mathrm{R}}(x,t)]^2\mathrm{d}x \tag{4-28}$$

$$V_2(t) = \frac{1}{2}m_{\mathrm{b}}[u_{\mathrm{w}}(t)]^2 + \frac{1}{2}I_{\mathrm{p}}[u_{\theta}(t)]^2 + \frac{k_1}{2}[w(0,t)]^2 + \frac{k_2}{2}[\theta(0,t)]^2 \tag{4-29}$$

$$\Delta(t) = \beta\rho\int_{-L}^{0}\dot{w}_{\mathrm{L}}(x,t)w_{\mathrm{L}}(x,t)\mathrm{d}x + \beta I_{\mathrm{p}}\int_{-L}^{0}\dot{\theta}_{\mathrm{L}}(x,t)\theta_{\mathrm{L}}(x,t)\mathrm{d}x +$$

$$\beta\rho\int_{0}^{L}\dot{w}_{\mathrm{R}}(x,t)w_{\mathrm{R}}(x,t)\mathrm{d}x + \beta I_{\mathrm{p}}\int_{0}^{L}\dot{\theta}_{\mathrm{R}}(x,t)\theta_{\mathrm{R}}(x,t)\mathrm{d}x -$$

$$\beta\rho x_{\mathrm{e}}c\int_{-L}^{0}[\dot{w}_{\mathrm{L}}(x,t)\theta_{\mathrm{L}}(x,t) + w_{\mathrm{L}}(x,t)\dot{\theta}_{\mathrm{L}}(x,t)]\mathrm{d}x -$$

$$\beta\rho x_{\mathrm{e}}c\int_{0}^{L}[\dot{w}_{\mathrm{R}}(x,t)\theta_{\mathrm{R}}(x,t) + w_{\mathrm{R}}(x,t)\dot{\theta}_{\mathrm{R}}(x,t)]\mathrm{d}x -$$

$$\rho x_{\mathrm{e}}c\int_{-L}^{0}\dot{w}_{\mathrm{L}}(x,t)\dot{\theta}_{\mathrm{L}}(x,t)\mathrm{d}x - \rho x_{\mathrm{e}}c\int_{0}^{L}\dot{w}_{\mathrm{R}}(x,t)\dot{\theta}_{\mathrm{R}}(x,t)\mathrm{d}x \tag{4-30}$$

以上三式中，β 是一個正權係數，k_1 和 k_2 是兩個正的控制增益。

定理 4.1：李雅普諾夫函數 $V(t)$ 正定，即：

$$0 \leqslant \xi_1[V_1(t) + V_2(t)] \leqslant V(t) \leqslant \xi_2[V_1(t) + V_2(t)] \tag{4-31}$$

證明：定義一個新的函數如下：

$$\nu(t) = \int_{-L}^{0}\{[\dot{w}_{\mathrm{L}}(x,t)]^2 + [\dot{\theta}_{\mathrm{L}}(x,t)]^2 + [w''_{\mathrm{L}}(x,t)]^2 + [\theta'_{\mathrm{L}}(x,t)]^2\}\mathrm{d}x +$$

$$\int_{0}^{L}\{[\dot{w}_{\mathrm{R}}(x,t)]^2 + [\dot{\theta}_{\mathrm{R}}(x,t)]^2 + [w''_{\mathrm{R}}(x,t)]^2 + [\theta'_{\mathrm{R}}(x,t)]^2\}\mathrm{d}x +$$

$$[w(0,t)]^2 + [\theta(0,t)]^2 \tag{4-32}$$

從 $V_1(t)$ 的定義可知：

$$\gamma_1\nu(t) \leqslant V_1(t) + V_2(t) \tag{4-33}$$

上式中，$\gamma_1 = \frac{1}{2}\min\{\rho, I_{\mathrm{p}}, EI_{\mathrm{b}}, GJ, k_1, k_2\}$。

進一步，$\Delta(t)$ 能夠放大為：

$$|\Delta(t)| \leqslant \frac{\rho(\beta + \beta x_e c + x_e c)}{2} \int_{-L}^{0} [\dot{w}_L(x,t)]^2 dx + \frac{\beta I_p + \beta \rho x_e c + \rho x_e c}{2} \int_{-L}^{0} [\dot{\theta}_L(x,t)]^2 dx +$$

$$\frac{\rho(\beta + \beta x_e c + x_e c)}{2} \int_{0}^{L} [\dot{w}_R(x,t)]^2 dx + \frac{\beta I_p + \beta \rho x_e c + \rho x_e c}{2} \int_{0}^{L} [\dot{\theta}_R(x,t)]^2 dx +$$

$$2\beta\rho(1 + x_e c)L^4 \int_{-L}^{0} [w_L''(x,t)]^2 dx + 2\beta(I_p + \rho x_e c)L^2 \int_{-L}^{0} [\theta_L'(x,t)]^2 dx +$$

$$2\beta\rho(1 + x_e c)L^4 \int_{0}^{L} [w_R''(x,t)]^2 dx + 2\beta(I_p + \rho x_e c)L^2 \int_{0}^{L} [\theta_R'(x,t)]^2 dx +$$

$$2\beta\rho(1 + x_e c)L[w(0,t)]^2 + 2\beta(I_p + \rho x_e c)L[\theta(0,t)]^2$$

$$\leqslant \gamma_2 \nu(t) \leqslant \gamma_3 [V_1(t) + V_2(t)]$$

$$(4\text{-}34)$$

式中，$\gamma_2 = \max \left\{ \dfrac{\rho(\beta + \beta x_e c + x_e c)}{2}, \dfrac{\beta I_p + \beta \rho x_e c + \rho x_e c}{2}, 2\beta\rho(1 + x_e c)L^4, \right.$

$\left. 2\beta(I_p + \rho x_e c)L^2, 2\beta\rho(1 + x_e c)L, 2\beta(I_p + \rho x_e c)L \right\}$，且 $\gamma_3 = \dfrac{\gamma_2}{\gamma_1}$，即有：

$$-\gamma_3 [V_1(t) + V_2(t)] \leqslant \Delta(t) \leqslant \gamma_3 [V_1(t) + V_2(t)] \qquad (4\text{-}35)$$

更進一步，可得到：

$$0 \leqslant \xi_1 [V_1(t) + V_2(t)] \leqslant V_1(t) + V_2(t) + \Delta(t) \leqslant \xi_2 [V_1(t) + V_2(t)]$$

$$(4\text{-}36)$$

式中，$\xi_1 = 1 - \gamma_3$，$\xi_2 = 1 + \gamma_3$。

證畢。

定理 4.2：施加控制器後，李雅普諾夫函數對時間 t 的導數 $\dot{V}(t)$ 有上界，即：

$$\dot{V}(t) \leqslant -\xi V(t) + \varepsilon \qquad (4\text{-}37)$$

式中，$\xi > 0$，$\varepsilon > 0$。

證明：$V(t)$ 對 t 求導後得：

$$\dot{V}(t) = \dot{V}_1(t) + \dot{V}_2(t) + \dot{\Delta}(t) \qquad (4\text{-}38)$$

式中

$$\dot{V}_1(t) = \int_{-L}^{0} [\rho \dot{w}_L(x,t)\ddot{w}_L(x,t) + EI_b w_L''(x,t)\dot{w}_L''(x,t) +$$

$$I_p \dot{\theta}_L(x,t)\ddot{\theta}_L(x,t) + GJ\theta_L'(x,t)\dot{\theta}_L'(x,t)]dx +$$

$$\int_{0}^{L} [\rho \dot{w}_R(x,t)\ddot{w}_R(x,t) + EI_b w_R''(x,t)\dot{w}_R''(x,t) +$$

$$I_p \dot{\theta}_R(x,t)\ddot{\theta}_R(x,t) + GJ\theta_R'(x,t)\dot{\theta}_R'(x,r)]dx$$

$$(4\text{-}39)$$

將系統控制方程式(4-7)～方程式(4-10) 代入上式，分部積分後再代入邊界條件後得：

$$\dot{V}_1(t) \leqslant \int_{-L}^{0} F_{bL}(x,t)[\dot{w}_L(x,t) - x_a c\dot{\theta}_L(x,t)]dx +$$

$$\rho x_e c\int_{-L}^{0}[\dot{w}_L(x,t)\ddot{\theta}_L(x,t) + \dot{\theta}_L(x,t)\ddot{w}_L(x,t)]dx -$$

$$\frac{1}{2}\eta EI_b\int_{-L}^{0}[\dot{w}''_L(x,t)]^2 dx - \frac{1}{2}\eta GJ\int_{-L}^{0}[\dot{\theta}'_L(x,t)]^2 dx +$$

$$\int_{0}^{L} F_{bR}(x,t)[\dot{w}_R(x,t) - x_a c\dot{\theta}_R(x,t)]dx +$$

$$\rho x_e c\int_{0}^{L}[\dot{w}_R(x,t)\ddot{\theta}_R(x,t) + \dot{\theta}_R(x,t)\ddot{w}_R(x,t)]dx -$$

$$\frac{1}{2}\eta EI_b\int_{0}^{L}[\dot{w}''_R(x,t)]^2 dx - \frac{1}{2}\eta GJ\int_{0}^{L}[\dot{\theta}'_R(x,t)]^2 dx -$$

$$\frac{\eta EI_b}{8L^4}\int_{-L}^{0}[\dot{w}_L(x,t)]^2 dx - \frac{\eta GJ}{8L^2}\int_{-L}^{0}[\dot{\theta}_L(x,t)]^2 dx -$$

$$\frac{\eta EI_b}{8L^4}\int_{0}^{L}[\dot{w}_R(x,t)]^2 dx - \frac{\eta GJ}{8L^2}\int_{0}^{L}[\dot{\theta}_R(x,t)]^2 dx +$$

$$\frac{\eta EI_b}{2L^3}[\dot{w}(0,t)]^2 + \frac{\eta GJ}{2L}[\dot{\theta}(0,t)]^2 -$$

$$EI_b\dot{w}(0,t)[w'''_L(0,t) + \eta\dot{w}'''_L(0,t) - w'''_R(0,t) - \eta\dot{w}'''_R(0,t)] +$$

$$GJ\dot{\theta}(0,t)[\theta'_L(0,t) + \eta\dot{\theta}'_L(0,t) - \theta'_R(0,t) - \eta\dot{\theta}'_R(0,t)]$$

$$(4\text{-}40)$$

$V_2(t)$ 對時間 t 求導：

$$\dot{V}_2(t) = m_b u_w(t)\dot{u}_w(t) + I_p u_\theta(t)\dot{u}_\theta(t) + k_1 w(0,t)\dot{w}(0,t) + k_2\theta(0,t)\dot{\theta}(0,t)$$

$$(4\text{-}41)$$

代入邊界條件式(4-19) 和式(4-20)，得：

$$\dot{V}_2(t) \leqslant [\dot{w}(0,t) + \beta w(0,t)][EI_b w'''_L(0,t) + \eta EI_b\dot{w}'''_L(0,t) -$$

$$EI_b w'''_R(0,t) - \eta EI_b\dot{w}'''_R(0,t)] - [\dot{\theta}(0,t) + \beta\theta(0,t)]$$

$$[GJ\theta'_L(0,t) + \eta GJ\dot{\theta}'_L(0,t) - GJ\theta'_R(0,t) - \eta GJ\dot{\theta}'_R(0,t)] -$$

$$\frac{k_1}{2}[w(0,t)]^2 - \frac{k_1}{2}[\dot{w}(0,t)]^2 - \frac{k_2}{2}[\theta(0,t)]^2 - \frac{k_2}{2}[\dot{\theta}(0,t)]^2 -$$

$$\left(k_w - \frac{k_1}{2}\right)[u_w(t)]^2 - \left(k_\theta - \frac{k_2}{2}\right)[u_\theta(t)]^2$$

$$(4\text{-}42)$$

對 $\Delta(t)$ 求導得：

$$\dot{\Delta}(t) \leqslant \beta \int_{-L}^{0} F_{\mathrm{bL}}(x,t)[w_{\mathrm{L}}(x,t) - x_{\mathrm{a}}c\theta_{\mathrm{L}}(x,t)]\mathrm{d}x +$$

$$\beta \int_{0}^{L} F_{\mathrm{bR}}(x,t)[w_{\mathrm{R}}(x,t) - x_{\mathrm{a}}c\theta_{\mathrm{R}}(x,t)]\mathrm{d}x -$$

$$\beta EI_{\mathrm{b}}w(0,t)[w_{\mathrm{L}}'''(0,t) + \eta \dot{w}_{\mathrm{L}}'''(0,t) - w_{\mathrm{R}}'''(0,t) - \eta \dot{w}_{\mathrm{R}}'''(0,t)] -$$

$$\beta \int_{-L}^{0} \{EI_{\mathrm{b}}[w_{\mathrm{L}}''(x,t)]^{2} - \rho[\dot{w}_{\mathrm{L}}(x,t)]^{2}\}\mathrm{d}x -$$

$$\beta \int_{0}^{L} \{EI_{\mathrm{b}}[w_{\mathrm{R}}''(x,t)]^{2} - \rho[\dot{w}_{\mathrm{R}}(x,t)]^{2}\}\mathrm{d}x -$$

$$\beta \eta EI_{\mathrm{b}} \int_{-L}^{0} w_{\mathrm{L}}''(x,t)\dot{w}_{\mathrm{L}}''(x,t)\mathrm{d}x - \beta \eta EI_{\mathrm{b}} \int_{0}^{L} w_{\mathrm{R}}''(x,t)\dot{w}_{\mathrm{R}}''(x,t)\mathrm{d}x +$$

$$\beta GJ\theta(0,t)[\theta_{\mathrm{L}}'(0,t) + \eta \dot{\theta}_{\mathrm{L}}'(0,t) - \theta_{\mathrm{R}}'(0,t) - \eta \dot{\theta}_{\mathrm{R}}'(0,t)] +$$

$$\int_{-L}^{0} \{-\beta GJ[\theta_{\mathrm{L}}'(x,t)]^{2} - \beta \eta GJ\theta_{\mathrm{L}}'(x,t)\dot{\theta}_{\mathrm{L}}'(x,t) + \beta I_{\mathrm{p}}[\dot{\theta}_{\mathrm{L}}(x,t)]^{2}\}\mathrm{d}x +$$

$$\int_{0}^{L} \{-\beta GJ[\theta_{\mathrm{R}}'(x,t)]^{2} - \beta \eta GJ\theta_{\mathrm{R}}'(x,t)\dot{\theta}_{\mathrm{R}}'(x,t) + \beta I_{\mathrm{p}}[\dot{\theta}_{\mathrm{R}}(x,t)]^{2}\}\mathrm{d}x -$$

$$2\beta \rho x_{\mathrm{e}}c \int_{-L}^{0} \dot{w}_{\mathrm{L}}(x,t)\dot{\theta}_{\mathrm{L}}(x,t)\mathrm{d}x - 2\beta \rho x_{\mathrm{e}}c \int_{0}^{L} \dot{w}_{\mathrm{R}}(x,t)\dot{\theta}_{\mathrm{R}}(x,t)\mathrm{d}x -$$

$$\rho x_{\mathrm{e}}c \int_{-L}^{0} [\ddot{w}_{\mathrm{L}}(x,t)]\dot{\theta}_{\mathrm{L}}(x,t) + \dot{w}_{\mathrm{L}}(x,t)\ddot{\theta}_{\mathrm{L}}(x,t)\mathrm{d}x -$$

$$\rho x_{\mathrm{e}}c \int_{0}^{L} [\ddot{w}_{\mathrm{R}}(x,t)]\dot{\theta}_{\mathrm{R}}(x,t) + \dot{w}_{\mathrm{R}}(x,t)\ddot{\theta}_{\mathrm{R}}(x,t)\mathrm{d}x$$

$$(4\text{-}43)$$

整理式(4-40)、式(4-42)、式(4-43)，再代入提出的控制算法式(4-25)
和式(4-26)、式(4-38) 可寫為：

$$\dot{V}(t) \leqslant -\left(\frac{\eta EI_{\mathrm{b}}}{8L^{4}} - \beta \rho - \frac{\beta \rho x_{\mathrm{e}}c}{\delta_{1}} - \frac{1}{2\delta_{2}}\right) \int_{-L}^{0} [\dot{w}_{\mathrm{L}}(x,t)]^{2}\mathrm{d}x -$$

$$\left(\frac{\beta EI_{\mathrm{b}}}{2} - \frac{\beta \eta EI_{\mathrm{b}}}{2\delta_{3}}\right) \int_{-L}^{0} [w_{\mathrm{L}}''(x,t)]^{2}\mathrm{d}x - \left(\frac{\beta EI_{\mathrm{b}}}{8L^{4}} - \frac{\beta}{2\delta_{11}}\right) \int_{-L}^{0} [w_{\mathrm{L}}(x,t)]^{2}\mathrm{d}x -$$

$$\left(\frac{\eta GJ}{8L^{2}} - \beta I_{\mathrm{p}} - \beta \rho x_{\mathrm{e}}c\delta_{1} - \frac{x_{\mathrm{a}}c}{2\delta_{4}}\right) \int_{-L}^{0} [\dot{\theta}_{\mathrm{L}}(x,t)]^{2}\mathrm{d}x -$$

$$\left(\frac{\beta GJ}{2} - \frac{\beta \eta GJ}{2\delta_{5}}\right) \int_{-L}^{0} [\theta_{\mathrm{L}}'(x,t)]^{2}\mathrm{d}x - \left(\frac{\eta EI_{\mathrm{b}}}{2} - \frac{\beta \eta EI_{\mathrm{b}}\delta_{3}}{2}\right) \int_{-L}^{0} [\dot{w}_{\mathrm{L}}''(x,t)]^{2}\mathrm{d}x -$$

$$\left(\frac{\eta GJ}{2} - \frac{\beta \eta GJ\delta_{5}}{2}\right) \int_{-L}^{0} [\dot{\theta}_{\mathrm{L}}'(x,t)]^{2}\mathrm{d}x - \left(\frac{\beta GJ}{8L^{2}} - \frac{\beta x_{\mathrm{a}}c}{2\delta_{12}}\right) \int_{-L}^{0} [\theta_{\mathrm{L}}(x,t)]^{2}\mathrm{d}x -$$

$$\left(\frac{\eta EI_b}{8L^4}-\beta\rho-\frac{\beta\rho x_e c}{\delta_6}-\frac{1}{2\delta_7}\right)\int_0^L[\dot{w}_R(x,t)]^2\,\mathrm{d}x-$$

$$\left(\frac{\beta EI_b}{2}-\frac{\beta\eta EI_b}{2\delta_8}\right)\int_0^L[w''_R(x,t)]^2\,\mathrm{d}x-\left(\frac{\beta EI_b}{8L^4}-\frac{\beta}{2\delta_{13}}\right)\int_0^L[w_R(x,t)]^2\,\mathrm{d}x-$$

$$\left(\frac{\eta GJ}{8L^2}-\beta I_p-\beta\rho x_e c\delta_6-\frac{x_a c}{2\delta_9}\right)\int_0^L[\dot{\theta}_R(x,t)]^2\,\mathrm{d}x-$$

$$\left(\frac{\beta GJ}{2}-\frac{\beta\eta GJ}{2\delta_{10}}\right)\int_0^L[\theta'_R(x,t)]^2\,\mathrm{d}x-\left(\frac{\eta EI_b}{2}-\frac{\beta\eta EI_b\delta_8}{2}\right)\int_0^L[\dot{w}''_R(x,t)]^2\,\mathrm{d}x-$$

$$\left(\frac{\eta GJ}{2}-\frac{\beta\eta GJ\delta_{10}}{2}\right)\int_0^L[\dot{\theta}'_R(x,t)]^2\,\mathrm{d}x-\left(\frac{\beta GJ}{8L^2}-\frac{\beta x_a c}{2\delta_{14}}\right)\int_0^L[\theta_R(x,t)]^2\,\mathrm{d}x-$$

$$\left(k_w-\frac{k_1}{2}\right)[u_w(t)]^2-\left(k_\theta-\frac{k_2}{2}\right)[u_\theta(t)]^2-\left(\frac{k_1}{2}-\frac{\beta EI_b}{2L^3}\right)[w(0,t)]^2-$$

$$\left(\frac{k_1}{2}-\frac{\eta EI_b}{2L^3}\right)[\dot{w}(0,t)]^2-\left(\frac{k_2}{2}-\frac{\beta GJ}{2L}\right)[\theta(0,t)]^2-\left(\frac{k_2}{2}-\frac{\eta GJ}{2L}\right)[\dot{\theta}(0,t)]^2+$$

$$\left(\frac{\delta_2}{2}+\frac{x_a c\delta_4}{2}+\frac{\beta\delta_{11}}{2}+\frac{\beta x_a c\delta_{12}}{2}\right)L\overline{F}_{bL}^2+$$

$$\left(\frac{\delta_7}{2}+\frac{x_a c\delta_9}{2}+\frac{\beta\delta_{13}}{2}+\frac{\beta x_a c\delta_{14}}{2}\right)L\overline{F}_{bR}^2$$

$$\leqslant-\xi_3[V_1(t)+V_2(t)]+\varepsilon$$

$$(4\text{-}44)$$

式中，正數 β、$\delta_1\sim\delta_{14}$、k_1、k_2、k_w 和 k_θ 需要滿足以下不等式關係：

$$\sigma_1=\frac{\eta EI_b}{8L^4}-\beta\rho-\frac{\beta\rho x_e c}{\delta_1}-\frac{1}{2\delta_2}>0 \qquad (4\text{-}45)$$

$$\sigma_2=\frac{\beta EI_b}{2}-\frac{\beta\eta EI_b}{2\delta_3}>0 \qquad (4\text{-}46)$$

$$\sigma_3=\frac{\beta EI_b}{8L^4}-\frac{\beta}{2\delta_{11}}\geqslant0 \qquad (4\text{-}47)$$

$$\sigma_4=\frac{\eta GJ}{8L^2}-\beta I_p-\beta\rho x_e c\delta_1-\frac{x_a c}{2\delta_4}>0 \qquad (4\text{-}48)$$

$$\sigma_5=\frac{\beta GJ}{2}-\frac{\beta\eta GJ}{2\delta_5}>0 \qquad (4\text{-}49)$$

$$\sigma_6=\frac{\eta EI_b}{2}-\frac{\beta\eta EI_b\delta_3}{2}\geqslant0 \qquad (4\text{-}50)$$

$$\sigma_7 = \frac{\eta GJ}{2} - \frac{\beta \eta GJ \delta_5}{2} \geqq 0 \tag{4-51}$$

$$\sigma_8 = \frac{\beta GJ}{8L^2} - \frac{\beta x_a c}{2\delta_{12}} \geqq 0 \tag{4-52}$$

$$\sigma_9 = \frac{\eta EI_b}{8L^4} - \beta \rho - \frac{\beta \rho x_e c}{\delta_6} - \frac{1}{2\delta_7} > 0 \tag{4-53}$$

$$\sigma_{10} = \frac{\beta EI_b}{2} - \frac{\beta \eta EI_b}{2\delta_8} > 0 \tag{4-54}$$

$$\sigma_{11} = \frac{\beta EI_b}{8L^4} - \frac{\beta}{2\delta_{13}} \geqq 0 \tag{4-55}$$

$$\sigma_{12} = \frac{\eta GJ}{8L^2} - \beta I_p - \beta \rho x_e c\delta_6 - \frac{x_a c}{2\delta_9} > 0 \tag{4-56}$$

$$\sigma_{13} = \frac{\beta GJ}{2} - \frac{\beta \eta GJ}{2\delta_{10}} > 0 \tag{4-57}$$

$$\sigma_{14} = \frac{\eta EI_b}{2} - \frac{\beta \eta EI_b \delta_8}{2} > 0 \tag{4-58}$$

$$\sigma_{15} = \frac{\eta GJ}{2} - \frac{\beta \eta GJ \delta_{10}}{2} \geqq 0 \tag{4-59}$$

$$\sigma_{16} = \frac{\beta GJ}{8L^2} - \frac{\beta x_a c}{2\delta_{14}} \geqq 0 \tag{4-60}$$

$$\sigma_{17} = k_w - \frac{k_1}{2} > 0 \tag{4-61}$$

$$\sigma_{18} = k_\theta - \frac{k_2}{2} > 0 \tag{4-62}$$

$$\sigma_{19} = \frac{k_1}{2} - \frac{\beta EI_b}{2L^3} > 0 \tag{4-63}$$

$$\sigma_{20} = \frac{k_1}{2} - \frac{\eta EI_b}{2L^3} \geqq 0 \tag{4-64}$$

$$\sigma_{21} = \frac{k_2}{2} - \frac{\beta GJ}{2L} > 0 \tag{4-65}$$

$$\sigma_{22} = \frac{k_2}{2} - \frac{\eta GJ}{2L} \geqq 0 \tag{4-66}$$

$$\varepsilon = \left(\frac{\delta_2}{2} + \frac{x_a c\delta_4}{2} + \frac{\beta \delta_{11}}{2} + \beta x_a c\delta_{12} \right) L\overline{F}_{bL}^2 + \\ \left(\frac{\delta_7}{2} + \frac{x_a c\delta_9}{2} + \frac{\beta \delta_{13}}{2} + \beta x_a c\delta_{14} \right) L\overline{F}_{bR}^2 \tag{4-67}$$

$$\xi_3 = 2\min\left\{\frac{\sigma_1}{\rho}, \frac{\sigma_2}{EI_b}, \frac{\sigma_4}{I_p}, \frac{\sigma_5}{GJ}, \frac{\sigma_9}{\rho}, \frac{\sigma_{10}}{EI_b}, \frac{\sigma_{12}}{I_p}, \frac{\sigma_{13}}{GJ}, \frac{\sigma_{19}}{k_1}, \frac{\sigma_{21}}{k_2}\right\} \tag{4-68}$$

結合定理 4.1 及式(4-45)，得到 $\dot{V}(t)$ 和 $V(t)$ 的關係如下：

$$\dot{V}(t) \leqslant -\xi V(t) + \varepsilon \tag{4-69}$$

式中，$\xi = \dfrac{\xi_3}{\xi_2} > 0$。

證畢。

定理 4.3：對於該雙柔性翼和執行器組成的系統，系統 PDE 控制方程為式(4-7)～式(4-10)，ODE 邊界條件為式(4-11)～式(4-20)。若給定一組有界的初始條件，在控制器作用下，閉環系統中的所有狀態量，包括 $w_L(-L,t)$、$w_R(L,t)$、$\theta_L(-L,t)$ 以及 $\theta_R(L,t)$ 都能實現最終一致有界性。

證明：式(4-37) 兩邊同乘 $e^{\xi t}$，再從 $0 \to \infty$ 積分，得到：

$$V(t) \leqslant V(0)e^{-\xi t} - \frac{\varepsilon}{\xi}e^{-\xi t} + \frac{\varepsilon}{\xi}$$

$$\leqslant V(0)e^{-\xi t} + \frac{\varepsilon}{\xi} \in \mathcal{L}_\infty \tag{4-70}$$

式(4-70) 表明 $V(t)$ 有上界。再有：

$$\frac{1}{L^2}w_L^2(x,t) \leqslant \frac{1+2L}{L^2}[w(0,t)]^2 + \frac{2+4L}{L}\int_{-L}^{0}[w'_L(x,t)]^2 \mathrm{d}x$$

$$\leqslant \frac{1+2L}{L^2}[w(0,t)]^2 + (2L+4L^2)\int_{-L}^{0}[w''_L(x,t)]^2 \mathrm{d}x$$

$$\leqslant \gamma_4 \nu(t) \leqslant \frac{\gamma_4}{\gamma_1}[V_1(t)+V_2(t)] \leqslant \frac{\gamma_4}{\gamma_1\xi_1}V(t) \in \mathcal{L}_\infty \tag{4-71}$$

$$\frac{1}{L}\theta_L^2(x,t) \leqslant \frac{1+2L}{L}[\theta(0,t)]^2 + (2+4L)\int_{-L}^{0}[\theta'_L(x,t)]^2 \mathrm{d}x$$

$$\leqslant \gamma_5 \nu(t) \leqslant \frac{\gamma_5}{\gamma_1}[V_1(t)+V_2(t)] \leqslant \frac{\gamma_5}{\gamma_1\xi_1}V(t) \in \mathcal{L}_\infty \tag{4-72}$$

式中，$\gamma_4 = \max\left\{\dfrac{1+2L}{L^2},\ (2L+4L^2)\right\}$；$\gamma_5 = \max\left\{\dfrac{1+2L}{L},\ (2+4L)\right\}$；$\gamma_1$ 和 ξ_1 是無量綱正常數。

關於右柔性翼的形變量做同樣處理。整合式(4-70)～式(4-72)，可以得到：

$$| w_{L(R)}(x,t) | \leqslant \sqrt{\frac{L^2 \gamma_4}{\gamma_1 \xi_1}[V(0)e^{-\xi t} + \frac{\epsilon}{\xi}]} \tag{4-73}$$

$$| \theta_{L(R)}(x,t) | \leqslant \sqrt{\frac{L \gamma_5}{\gamma_1 \xi_1}[V(0)e^{-\xi t} + \frac{\epsilon}{\xi}]} \tag{4-74}$$

由式(4-73)、式(4-74)，當 $t \to \infty$ 時，有：

$$| w_{L(R)}(x,t) | \leqslant \sqrt{\frac{L^2 \epsilon \gamma_4}{\gamma_1 \xi_1 \xi}}, \forall x \in [-L, L] \tag{4-75}$$

$$| \theta_{L(R)}(x,t) | \leqslant \sqrt{\frac{L \epsilon \gamma_5}{\gamma_1 \xi_1 \xi}}, \forall x \in [-L, L] \tag{4-76}$$

即 $\exists T_0$，當 $t > T_0$ 時，系統狀態 $w_{L(R)}(x,t)$，$\theta_{L(R)}(x,t)$ 將收斂至 0 的較小鄰域範圍內。

證畢。

4.3 MATLAB 數值仿真

透過 MATLAB 仿真來看控制器的效果。此處，初始條件給定為 $w_L(x,0) = -\frac{x}{2}$，$w_R(x,0) = \frac{x}{2}$，$\theta_L(x,0) = -\frac{x}{2L}$，$\theta_R(x,0) = \frac{x}{2L}$，分布式空氣載荷設定為 $F_{bL}(x,t) = F_{bR}(x,t) = [1 + \sin(t) + \cos(3t)]x$。

圖 4-3 和圖 4-4 分別為系統開環在有界初始條件下，柔性翼彎曲形變和扭轉形變隨著時間的變化。從圖4-3中可看到 $w(x,t)$，$x \in [-2,2]$ 隨時

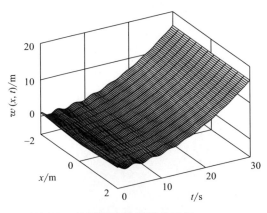

圖 4-3　控制前柔性翼彎曲形變 $w(x,t)$

間呈發散趨勢，甚至最大值超過了柔性翼的長度，這說明柔性翼物理結構已損壞。同樣，對於圖 4-4 中的扭轉形變而言，$|\theta(x,t)|$，其中 $x\in[-2,2]$，也隨時間的增大而增大。

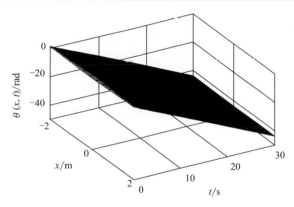

圖 4-4　控制前柔性翼扭轉形變 $\theta(x,t)$

施加邊界控制輸入後，閉環系統在同樣初始條件下的彎曲和扭轉形變分別如圖 4-5 和圖 4-6 所示。其中，控制增益為 $k_1=50$，$k_2=5$，可以看到施加控制後柔性翼彎曲和扭轉形變在大約 10s 後趨於平穩。

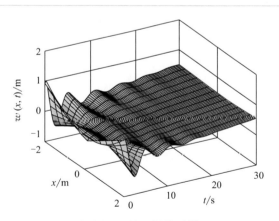

圖 4-5　控制後柔性翼彎曲形變 $w(x,t)$

圖 4-7 和圖 4-8 是柔性翼邊界 $x=-2$ 處，即左翼翼尖處的彎曲和扭轉形變在開環和閉環狀態的對比圖。$w(-L,t)$ 和 $\theta(-L,t)$ 最後不是趨於 0，這是因為系統的邊界條件中沒有將 $w(0,t)$ 和 $\theta(0,t)$ 設定為 0，因此 $w(-L,t)$ 和 $\theta(-L,t)$ 加控制後的變化趨勢是與 $w(0,t)$ 和 $\theta(0,t)$

一致的，即如圖 4-9 和圖 4-10 所示。

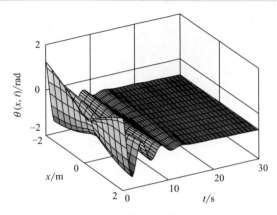

圖 4-6　控制後柔性翼扭轉形變 $\theta(x, t)$

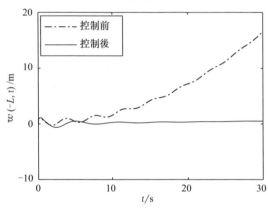

圖 4-7　控制前後柔性翼彎曲形變 $w(-L, t)$

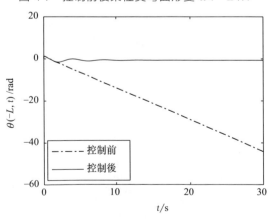

圖 4-8　控制前後柔性翼扭轉形變 $\theta(-L, t)$

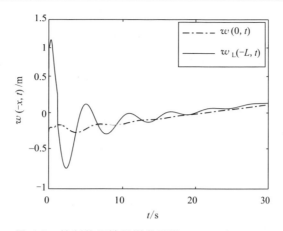

圖 4-9　控制後柔性翼彎曲形變 $w(x,t)\big|_{x=0,-L}$

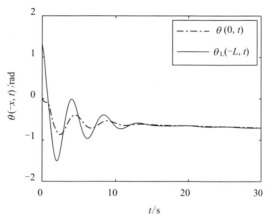

圖 4-10　控制後柔性翼扭轉形變 $\theta(x,t)\big|_{x=0,-L}$

　　以上 MATLAB 數值仿真直觀展示了所設計的邊界控制器式（4-20）和式（4-21）在柔性翼受到外界分布干擾 $F_{bL}(x,t)$ 和 $F_{bR}(x,t)$ 下的作用效果。透過僅施加在雙翼中心的邊界控制力和力矩，能夠有效同時抑制左右兩邊柔性翼的不規則大幅振動，達到保護柔性翼機械結構不受損傷，實現系統穩定的目的。

4.4　本章小結

　　本章提出了一種用於雙柔性翼和剛體振動抑制的邊界控制策略。使

用 Hamilton 原理用於確定系統動力學模型，包括四個偏微分控制方程和相應的一組常微分邊界條件。考慮到柔性翼的彎曲和扭轉變形相互耦合，設計作用在機身的邊界控制力和控制轉矩，以調節由不穩定氣流引起的柔性翼的非自然形變。然後，透過 Lyapunov 的直接方法對閉環系統進行穩定性分析。最後，基於有限差分法用 MATLAB 對系統進行了數值仿真。仿真結果顯示了這種邊界控制策略的優良效果。

第5章

仿生撲翼飛行
機器人剛柔混合
撲翼控制系統設計

目前的撲翼飛行機器人的柔性翼通常採用柔性材料結構，對於柔性翼的建模與控制研究可以將其簡化為一根柔性梁，以進一步進行動力學分析建模以及控制。但是自然界中的鳥類等飛行生物的翅膀大多具有關節，並不只是單一的翅膀進行撲動。

在本章中，主要對剛柔混合撲翼柔性連桿部分進行振動控制。對於柔性結構這樣的非線性非定常複雜系統，傳統的 PID 控制算法難以滿足高水準的控制要求，特別是不同於傳統剛性結構的柔性結構，更容易受到干擾，發生振動而造成系統的不穩定，因此需要設計相應的控制器消除這些振動的影響，從而保證仿生撲翼飛行機器人系統的穩定性與魯棒性。對於仿生撲翼飛行機器人撲翼這樣的無窮維分布式系統，如果對其進行近似化處理，就會導致除了保留的幾個關鍵模態，其他模態被忽略，這些沒有被處理的模態則可能導致系統產生溢出效應[34]，因此，通常直接利用該分布參數系統模型的偏微分方程進行控制器的設計，常用的方法有分布式控制法、模態控制法和邊界控制法[85~87]。由於撲翼飛行機器人負載有限，因此採用所需傳感器和執行器較少的邊界控制法[71] 設計控制器對其柔性翼振動問題進行抑制，並應用李雅普諾夫直接法對所設計的閉環系統進行穩定性分析。

5.1 剛柔混合撲翼建模與動力學分析

德國 Festo 公司的 SmartBird[88] 透過模仿海鷗的翅膀結構，採用主動鉸接扭轉驅動的兩連桿結構，在其實驗結果中，可以看出 SmartBird 具有較高的能量利用效率，並且兩連桿的柔性翼具有更多的自由度和控制方式，具有更高的靈活性和機動性能。來自 UIUC 的 Chung 以及他的團隊開發的 BatBot[14] 為一款仿生蝙蝠的仿生撲翼飛行機器人，透過對蝙蝠的肌肉協同動作進行模擬，設計了組合關節，以重現蝙蝠在飛行過程中的複雜四肢運動。因此本章設計了一款剛柔混合的兩連桿撲翼，對其進行動力學建模並對角度和振動問題進行控制設計。

在對撲翼飛行機器人進行飛行動力學研究時，通常透過空氣動力學分析所獲取的仿生撲翼飛行機器人的飛行運動參數[89]，進一步進行風洞實驗[90] 以獲取仿生撲翼飛行機器人在低速低雷諾數下的氣動特性，理論分析則是透過進行數值模擬來建立飛行器的翅膀模型。在本章中，對所設計撲翼飛行機器人的剛柔混合撲翼進行動力學分析，需要分別對撲翼的剛性連桿和柔性連桿進行分析，對撲翼剛性連桿的模型分析是透過

建立拉格朗日方程對其運動狀態進行描述，而對柔性連桿，則是透過應用 Hamilton 原理以及撲翼飛行機器人撲翼的動能、勢能以及非保守力做功進行分析和計算[30]，來對撲翼飛行機器人的撲翼進行動力學分析與建模。

　　對於雙連桿撲翼，將靠近機身的第一連桿設計為剛性連桿，因為剛性連桿能夠避免發生彈性形變與振動，能夠精確控制柔性翼所撲動的角度；柔性翼的第二連桿設計為柔性連桿，一方面柔性材料比剛性材料單位質量小，能夠減輕撲翼飛行機器人自身的質量，提高其負載能力，同時柔性連桿具有扭轉方向的自由度，能夠模仿自然界的鳥類等飛行生物的飛行姿態，提高對空氣渦流的利用效率。

　　由於撲翼的剛性連桿不易發生形變，在對其動能等進行動力學分析的基礎上，應用拉格朗日定理，得到常微分方程對其動力學模型進行表述。

　　撲翼飛行機器人常採用柔性材料用於搭建柔性翼，以減輕質量、增強機動性，並且能夠進行主動控制[91]，但由於其為非線性的分布參數系統，在模型建立的過程中，需要對撲翼沿座標軸上每個點的受力與運動進行分析，並且透過偏微分方程進行表示。一般在模型建立與控制的研究中，撲翼飛行機器人的撲翼可以看作一根柔性梁，能夠透過對其彎曲和扭轉這兩個自由度上的振動與形變進行分析，並進一步對其振動問題加以控制。本章所設計的撲翼飛行機器人撲翼為剛柔混合的兩連桿柔性翼，如圖 5-1 所示。本章從系統能量角度進行分析，在剛柔混合撲翼柔性連桿受到渦流、風力等影響而產生形變與振動的情況下，應用 Hamilton 原理對剛柔混合柔性翼的柔性連桿進行動力學分析與模型建立。

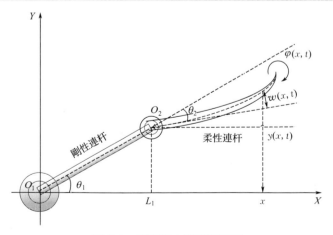

圖 5-1　剛柔混合撲翼切面圖

　　本章中，在如圖 5-1 所示的座標系下，針對剛柔混合撲翼系統分析其動力學特性時，撲翼的重力對整個撲翼飛行機器人系統的影響不予考慮。圖 5-1 所示為剛柔混合撲翼的截面圖，其中，$y(x,t)$ 為剛柔混合撲翼上各點的位移量，$w(x,t)$ 為剛柔混合撲翼柔性連桿上各點的彎曲形變量，$\varphi(x,t)$ 為剛柔混合撲翼柔性連桿上各點的扭轉位移形變量，$\theta_1(t)$ 和 $\theta_2(t)$ 分別為撲翼剛性連桿和柔性連桿的撲動角度。

　　首先對撲翼的剛性連桿進行動力學分析與建模，在轉動過程中，該剛柔混合撲翼系統的剛性連桿的動能如式(5-1) 所示：

$$E_R(t) = \frac{1}{2} I_R [\dot{\theta}_1(t)]^2 + \frac{1}{2} m_P [\dot{y}(L_1,t)]^2 \tag{5-1}$$

根據拉格朗日原理，可得：

$$\frac{\mathrm{d}}{\mathrm{d}t} \left[\frac{\partial E_R(t)}{\partial \dot{\theta}_1(t)} \right] - \frac{\partial E_R(t)}{\partial \theta_1(t)} = F_{u1}(t) \tag{5-2}$$

進而可得以下結果：

$$(I_R + m_P L_1^2) \ddot{\theta}_1(t) = F_{u1}(t) \tag{5-3}$$

式中，I_R 表示撲翼剛性連桿的轉動慣量；m_P 表示撲翼剛性連桿與柔性連桿鉸接點的質量；L_1 表示撲翼剛性連桿的長度；$F_{u1}(t)$ 表示剛性連桿控制器的輸入。

　　接下來對撲翼的柔性連桿進行動力學分析與建模，如圖 5-1 所示，可以得到撲翼柔性連桿中 $y(x,t)$ 與 $w(x,t)$ 之間的關係：

$$\begin{aligned}
y(x,t) &= w(x,t) + (x - L_1)\tan[\theta_1(t) + \theta_2(t)] + L_1 \tan\theta_1(t) \\
&= w(x,t) + (x - L_1)[\theta_1(t) + \theta_2(t)] + L_1\theta_1(t) \\
&= w(x,t) + x\theta_1(t) + x\theta_2(t) - L_1\theta_2(t)
\end{aligned}$$

$$\tag{5-4}$$

　　根據分布參數系統的特點，撲翼柔性連桿的動能如式(5-5) 所示：

$$E_k(t) = \frac{1}{2}\rho \int_{L_1}^{L} [\dot{y}(x,t)]^2 \,\mathrm{d}x + \frac{1}{2} I_p \int_{L_1}^{L} [\dot{\varphi}(x,t)]^2 \,\mathrm{d}x + \frac{1}{2} I_h [\dot{\theta}_2(t)]^2$$

$$\tag{5-5}$$

　　式中，ρ 表示撲翼柔性連桿單位長度的質量；I_p 表示撲翼柔性連桿的極慣性矩；I_h 表示撲翼剛性連桿和柔性連桿鉸接點的轉動慣量；L 表示整個撲翼系統的長度，包括剛性連桿和柔性連桿。

　　撲翼柔性連桿的系統勢能如式(5-6) 所示：

$$E_p(t) = \frac{1}{2}EI_b\int_{L_1}^{L}\left[w''(x,t)\right]^2\mathrm{d}x + \frac{1}{2}GJ\int_{L_1}^{L}\left[\varphi'(x,t)\right]^2\mathrm{d}x \quad (5\text{-}6)$$

式中，EI_b 表示撲翼柔性連桿的抗彎剛度；GJ 表示撲翼柔性連桿的扭轉剛度。

由於撲翼柔性連桿的撲動和扭轉兩個自由度之間存在耦合關係，該耦合能量表示如式(5-7) 所示：

$$\delta W_c(t) = \rho x_e c\int_{L_1}^{L}\ddot{w}(x,t)\delta\varphi(x,t)\mathrm{d}x + \rho x_e c\int_{L_1}^{L}\ddot{\varphi}(x,t)\delta w(x,t)\mathrm{d}x$$

$$(5\text{-}7)$$

式中，$x_e c$ 表示撲翼柔性連桿的質心到該連桿彎曲中心的長度。

撲翼柔性連桿所受 Kelvin-Voigt 阻尼力所做的虛功如式(5-8) 所示：

$$\delta W_d(t) = -\eta EI_b\int_{L_1}^{L}\dot{w}''(x,t)\delta w''(x,t)\mathrm{d}x - \eta GJ\int_{L_1}^{L}\dot{\varphi}'(x,t)\delta\varphi'(x,t)\mathrm{d}x$$

$$(5\text{-}8)$$

式中，η 表示撲翼柔性連桿所受的 Kelvin-Voigt 阻尼係數。

外界的分布式擾動 $F_b(x,t)$ 作用於撲翼柔性連桿所做的虛功如式(5-9) 所示：

$$\delta W_f(t) = \int_{L_1}^{L}F_b(x,t)\delta y(x,t)\mathrm{d}x - x_a c\int_{L_1}^{L}F_b(x,t)\delta\varphi(x,t)\mathrm{d}x$$

$$(5\text{-}9)$$

式中，$x_a c$ 表示撲翼柔性連桿的氣動中心到其彎曲中心的長度；$F_b(x,t)$ 表示沿剛柔混合撲翼柔性連桿方向上未知的時變分布擾動。

所要求的控制輸入在撲翼柔性連桿上做功具有的能量方程經過變分運算如式(5-10) 所示：

$$\delta W_{u2}(t) = F_{u2}(t)\delta\theta_2(t) + M_{u2}(t)\delta\varphi(L,t) \quad (5\text{-}10)$$

式中，$F_{u2}(t)$ 表示撲翼柔性連桿的彎曲方向的控制力輸入；$M_{u2}(t)$ 表示撲翼柔性連桿的扭轉方向的控制力矩輸入。

所以，對於撲翼的柔性連桿，非保守力所做的總虛功如式(5-11) 所示：

$$\delta W(t) = \delta[W_c(t) + W_d(t) + W_f(t) + W_{u2}(t)] \quad (5\text{-}11)$$

因為柔性材料具有較小位移的特點，可以從所得到柔性連桿的能量函數中，透過應用 Hamilton 原理，進一步推導和計算該剛柔混合撲翼柔性連桿的運動方程的變分形式，可以得到的結果如式(5-12) 所示：

$$\int_{t_1}^{t_2}\delta E_{\mathrm{k}}(t)\mathrm{d}t = \rho\int_{t_1}^{t_2}\int_{L_1}^{L}\dot{y}(x,t)\delta\dot{y}(x,t)\mathrm{d}x\mathrm{d}t + I_{\mathrm{p}}\int_{t_1}^{t_2}\int_{L_1}^{L}\dot{\varphi}(x,t)\delta\dot{\varphi}(x,t)\mathrm{d}x\mathrm{d}t +$$

$$I_{\mathrm{h}}\int_{t_1}^{t_2}\dot{\theta}_2(t)\delta\dot{\theta}_2(t)\mathrm{d}t$$

$$= -\rho\int_{t_1}^{t_2}\int_{L_1}^{L}\ddot{y}(x,t)\delta y(x,t)\mathrm{d}x\mathrm{d}t - I_{\mathrm{p}}\int_{t_1}^{t_2}\int_{L_1}^{L}\ddot{\varphi}(x,t)\delta\varphi(x,t)\mathrm{d}x\mathrm{d}t -$$

$$I_{\mathrm{h}}\int_{t_1}^{t_2}\ddot{\theta}_2(t)\delta\theta_2(t)\mathrm{d}t$$

$$(5\text{-}12)$$

同理，撲翼柔性連桿具有的勢能的變分形式如式(5-13) 所示：

$$\int_{t_1}^{t_2}\delta E_{\mathrm{p}}(t)\mathrm{d}t = EI_{\mathrm{b}}\int_{t_1}^{t_2}\int_{L_1}^{L}w''(x,t)\delta w''(x,t)\mathrm{d}x\mathrm{d}t + GJ\int_{t_1}^{t_2}\int_{L_1}^{L}\varphi'(x,t)\delta\varphi'(x,t)\mathrm{d}x\mathrm{d}t$$

$$= EI_{\mathrm{b}}\int_{t_1}^{t_2}[w''(x,t)\delta w'(x,t)]\big|_{L_1}^{L}\mathrm{d}t - EI_{\mathrm{b}}\int_{t_1}^{t_2}[w'''(x,t)\delta w(x,t)]\big|_{L_1}^{L}\mathrm{d}t +$$

$$EI_{\mathrm{b}}\int_{t_1}^{t_2}\int_{L_1}^{L}w''''(x,t)\delta w(x,t)\mathrm{d}x\mathrm{d}t + GJ\int_{t_1}^{t_2}[\varphi'(x,t)\delta\varphi(x,t)]\big|_{L_1}^{L}\mathrm{d}t -$$

$$GJ\int_{t_1}^{t_2}\int_{L_1}^{L}\varphi''(x,t)\delta\varphi(x,t)\mathrm{d}x\mathrm{d}t$$

$$(5\text{-}13)$$

剛柔混合撲翼柔性連桿中，彎曲與扭轉耦合所產生的能量的變分形式表示為：

$$\int_{t_1}^{t_2}\delta W_{\mathrm{c}}(t)\mathrm{d}t = \rho x_{\mathrm{e}}c\int_{t_1}^{t_2}\int_{L_1}^{L}[\ddot{w}(x,t)\delta\varphi(x,t) + \ddot{\varphi}(x,t)\delta w(x,t)]\mathrm{d}x\mathrm{d}t$$

$$(5\text{-}14)$$

剛柔混合撲翼柔性連桿所受到的 Kelvin-Voigt 阻尼力所做的虛功的變分形式如式(5-15) 所示：

$$\int_{t_1}^{t_2}\delta W_{\mathrm{d}}(t)\mathrm{d}t = -\eta EI_{\mathrm{b}}\int_{t_1}^{t_2}\int_{L_1}^{L}\dot{w}''(x,t)\delta w''(x,t)\mathrm{d}x\mathrm{d}t - \eta GJ\int_{t_1}^{t_2}\int_{L_1}^{L}\dot{\varphi}'(x,t)\delta\varphi'(x,t)\mathrm{d}x\mathrm{d}t$$

$$= -\eta EI_{\mathrm{b}}\int_{t_1}^{t_2}[\dot{w}''(x,t)\delta w'(x,t)]\big|_{L_1}^{L}\mathrm{d}t + \eta EI_{\mathrm{b}}\int_{t_1}^{t_2}[\dot{w}'''(x,t)\delta w(x,t)]\big|_{L_1}^{L}\mathrm{d}t -$$

$$\eta EI_{\mathrm{b}}\int_{t_1}^{t_2}\int_{L_1}^{L}\dot{w}''''(x,t)\delta w(x,t)\mathrm{d}x\mathrm{d}t - \eta GJ\int_{t_1}^{t_2}[\dot{\varphi}'(x,t)\delta\varphi(x,t)]\big|_{L_1}^{L}\mathrm{d}t +$$

$$\eta GJ\int_{t_1}^{t_2}\int_{L_1}^{L}\dot{\varphi}''(x,t)\delta\varphi(x,t)\mathrm{d}x\mathrm{d}t$$

$$(5\text{-}15)$$

對剛柔混合撲翼柔性連桿上所施加的時變分布式擾動以及控制輸入的變分形式分別如式(5-16) 和式(5-17) 所示：

$$\int_{t_1}^{t_2} \delta W_f(t)\,dt = \int_{t_1}^{t_2}\int_{L_1}^{L} F_b(x,t)\delta y(x,t)\,dx\,dt - x_a c \int_{t_1}^{t_2}\int_{L_1}^{L} F_b(x,t)\delta \varphi(x,t)\,dx\,dt$$

$$(5\text{-}16)$$

$$\int_{t_1}^{t_2} \delta W_{u2}(t)\,dt = \int_{t_1}^{t_2} F_{u2}(t)\delta\theta_2(t)\,dt + \int_{t_1}^{t_2} M_{u2}(t)\delta\varphi(L,t)\,dt \quad (5\text{-}17)$$

根據以上對於剛柔混合撲翼柔性連桿的能量項以及非保守力所做虛功的分析，同時結合 Hamilton 原理 $\int_{t_1}^{t_2} \delta(E_k - E_p + W)\,dt = 0$，可以得到撲翼柔性連桿的控制方程為：

$$\rho \ddot{y}(x,t) + EI_b w''''(x,t) + \eta EI_b \dot{w}''''(x,t) - \rho x_e c \ddot{\varphi}(x,t) = F_b(x,t)$$

$$(5\text{-}18)$$

$$I_p \ddot{\varphi}(x,t) - GJ\varphi''(x,t) - \eta GJ\dot{\varphi}''(x,t) - \rho x_e c \ddot{w}(x,t) = -x_a c F_b(x,t)$$

$$(5\text{-}19)$$

同時可以得到對剛柔混合撲翼的柔性連桿的邊界條件：

$$w(L_1,t) = w'(L_1,t) = w''(L,t) = \varphi(L_1,t) = 0$$

$$w'''(L,t) + \eta\dot{w}'''(L,t) = 0$$

$$I_h \ddot{\theta}_2(t) - EI_b w''(L_1,t) - \eta EI_b \dot{w}''(L_1,t) = F_{u2}(t)$$

$$GJ\varphi'(L,t) + \eta GJ\dot{\varphi}'(L,t) = M_{u2}(t)$$

$$(5\text{-}20)$$

假設 5.1：剛柔混合撲翼的柔性連桿存在的兩個自由度——撲動和扭轉[15]，相比於其剛性連桿，柔性連桿的這兩個方向易受到未知的分布式擾動的影響，在此假設存在一個正值常數 $F_{bmax} \in R^+$，使得撲翼柔性連桿所受的分布式擾動滿足 $|F_b(x,t)| \leqslant F_{bmax}$。在剛柔混合撲翼運動的現實環境中，其柔性連桿所受的外部擾動中具有的能量不是無窮的，而是有限的，因此，以上所做的假設合理。

5.2 剛柔混合撲翼邊界控制器設計及穩定性分析

在該剛柔混合的兩連桿撲翼中，並不是所有的系統參數都是明確的，因此採用了主動邊界控制的方法，在完成角度追蹤的控制目標的同時削弱其柔性連桿的振動問題，並在完成控制器設計後對施加控制的剛柔混合撲翼的穩定性能進行分析。邊界控制法作為新近發展的一種控制理論，在控制具有無窮維特性的分布參數系統方面具有良好的表現，對撲翼柔性連桿結構的位移與扭轉方向的形變量進行控制，抑制系統的振動，最終控制系統中狀態量的收斂以及有界性。並且，對於具有無窮維特性的

系統，在控制過程中容易出現的溢出現象，以及大量安裝傳感器與執行機構的問題，邊界控制法也對其進行了解決，對撲翼飛行機器人的撲翼系統進行有效的控制。

因此，本章透過設計主動邊界控制器對剛柔混合的兩連桿撲翼進行角度追蹤以及抑制形變與振動的控制，並且在剛柔混合的兩連桿撲翼的動力學分析的基礎上，透過李雅普諾夫直接法對所提出的控制器進行驗證，以對控制系統進行穩定性分析，證明所控制系統中相關狀態量的一致有界，並且選擇適當的控制器參數，使得能夠實現所設計控制器的預期目的。

對於剛柔混合的兩連桿撲翼系統，一共提出了三個控制目標，首先為對撲翼剛性連桿的撲動角度的控制與追蹤，透過安裝在撲翼的剛性連桿與機身連接處的控制器 $F_{u1}(t)$ 來實現；接著是對撲翼柔性連桿的撲動角度的追蹤控制以及其彈性形變的振動控制，透過安裝在撲翼的兩個連桿的鉸接關節處的控制器 $F_{u2}(t)$ 實現；還包括對撲翼柔性連桿的扭轉自由度方向的形變振動進行控制，由安裝在撲翼柔性連桿末端的控制器 $M_{u2}(t)$ 實現。完成三個控制器的設計後，應用李雅普諾夫直接法對其穩定性以及狀態量的有界性和收斂性進行驗證，並透過 MATLAB 數值仿真來驗證所設計控制器的有效性與合理性。

在剛柔混合撲翼的動力學模型基礎之上，首先構造正定的李雅普諾夫函數 $V(t)$，據此進行邊界控制器的設計。隨後將所設計的控制器代入李雅普諾夫函數中，並對其求時間的導數，得到 $\dot{V}(t)$，若能夠滿足不等式 $\dot{V}(t) \leqslant -\lambda V(t) + \varepsilon$，則所設計的控制器符合要求；若不滿足，則退回上一步對控制器的組成結構進行修改，如果仍不能滿足要求，則需要對李雅普諾夫函數進行修改，直至李雅普諾夫函數能夠滿足要求。透過反復修改達到控制器的穩定性要求之後，需要進一步進行 MATLAB 數值仿真，對剛柔混合撲翼在運動過程中的各個被控制的狀態量進行顯示，如果仿真效果不理想，則需要結合穩定性分析中的不等式對控制參數微調，直至控制效果能夠滿足預期目標，整個控制器設計過程才完成。而透過以上所列舉的控制器設計步驟，所設計出的控制器如下：

$$F_{u1}(t) = -(I_R + m_P L_1^2)\dot{\theta}_1(t) + ku_{1a}(t) - k_1\dot{\theta}_1(t) - k_2[\theta_1(t) - \theta_{1d}]$$

(5-21)

$$F_{u2}(t) = -(I_h + p_3)[\dot{\theta}_1(t) + \dot{\theta}_2(t)] + pu_{2a}(t) -$$
$$p_1\dot{\theta}_2(t) - p_2[\theta_2(t) - \theta_{2d}] - p_4 w''(L_1, t)$$

(5-22)

$$M_{u2}(t) = -q[\alpha\dot\varphi(L,t) + \beta\varphi(L,t)] \tag{5-23}$$

$$u_{1a}(t) = -\dot\theta_1(t) - [\theta_1(t) - \theta_{1d}] \tag{5-24}$$

$$u_{2a}(t) = u_{1a}(t) - \dot\theta_2(t) - [\theta_2(t) - \theta_{2d}] \tag{5-25}$$

式中，$u_{1a}(t)$ 和 $u_{2a}(t)$ 表示輔助項；k、k_1、k_2、p_1、p_2、p_3、p_4 和 q 為控制增益，均為正值常數。

所構造的李雅普諾夫函數 $V(t)$ 共由三項組成，分別為能量項 $V_1(t)$、附加項 $V_2(t)$ 和交叉項 $V_3(t)$，表示如下：

$$V(t) = V_1(t) + V_2(t) + V_3(t) \tag{5-26}$$

其中，能量項 $V_1(t)$、附加項 $V_2(t)$ 和交叉項 $V_3(t)$ 分別定義為：

$$V_1(t) = \frac{1}{2}\alpha\rho\int_{L_1}^{L}[\dot y(x,t)]^2\,\mathrm{d}x + \frac{1}{2}\alpha I_p\int_{L_1}^{L}[\dot\varphi(x,t)]^2\,\mathrm{d}x +$$
$$\frac{1}{2}\alpha EI_b\int_{L_1}^{L}[w''(x,t)]^2\,\mathrm{d}x + \frac{1}{2}\alpha GJ\int_{L_1}^{L}[\varphi'(x,t)]^2\,\mathrm{d}x \tag{5-27}$$

$$V_2(t) = \frac{1}{2}(I_R + m_p L_1^2)[u_{1a}(t)]^2 + \frac{1}{2}(k_1 + k_2)[\theta_1(t) - \theta_{1d}]^2 +$$
$$\frac{1}{2}\alpha I_h[u_{2a}(t)]^2 + \frac{1}{2}\alpha(p_1 + p_2)[\theta_2(t) - \theta_{2d}]^2 +$$
$$\frac{1}{2}\alpha I_h[\dot\theta_1(t) + \dot\theta_2(t)]^2 \tag{5-28}$$

$$V_3(t) = \beta\rho\int_{L_1}^{L}\dot y(x,t)w(x,t)\,\mathrm{d}x + \beta I_p\int_{L_1}^{L}\dot\varphi(x,t)\varphi(x,t)\,\mathrm{d}x -$$
$$\beta\rho x_e c\int_{L_1}^{L}[\dot y(x,t)\varphi(x,t) + \dot\varphi(x,t)w(x,t)]\,\mathrm{d}x -$$
$$\alpha\rho x_e c\int_{L_1}^{L}\dot y(x,t)\dot\varphi(x,t)\,\mathrm{d}x \tag{5-29}$$

式中，α 和 β 都是很小的正值權係數。

在驗證所構造的李雅普諾夫函數 $V(t)$ 為正定的過程中，首先設三個過渡函數：

$$\kappa_1(t) = \int_{L_1}^{L}\{[\dot y(x,t)^2] + [\dot\varphi(x,t)]^2 + [w''(x,t)]^2 + [\varphi'(x,t)]^2\}\,\mathrm{d}x \tag{5-30}$$

$$\kappa_2(t) = [u_{1a}(t)]^2 + [\theta_1(t) - \theta_{1d}]^2 + [u_{2a}(t)]^2 +$$
$$[\theta_2(t) - \theta_{2d}]^2 + [\dot\theta_1(t) + \dot\theta_2(t)]^2 \tag{5-31}$$

$$\kappa(t) = \kappa_1(t) + \kappa_2(t) \tag{5-32}$$

則可得到 $V_1(t)$ 有上下界：

$$\gamma_1\kappa_1(t) \leqslant V_1(t) \leqslant \gamma_2\kappa_1(t) \tag{5-33}$$

式中，$\gamma_1 = \dfrac{\alpha}{2}\min\{\rho, I_{\mathrm{p}}, EI_{\mathrm{b}}, GJ\}$；$\gamma_2 = \dfrac{\alpha}{2}\max\{\rho, I_{\mathrm{p}}, EI_{\mathrm{b}}, GJ\}$。

同樣 $V_2(t)$ 也具有上下界：

$$\gamma_3\kappa_2(t) \leqslant V_2(t) \leqslant \gamma_4\kappa_2(t) \tag{5-34}$$

式中，$\gamma_3 = \dfrac{1}{2}\min\{(I_{\mathrm{R}} + m_{\mathrm{p}}L_1^2), (k_1+k_2), \alpha I_{\mathrm{h}}, \alpha(p_1+p_2)\}$；$\gamma_4 =$

$\dfrac{1}{2}\max\{(I_{\mathrm{R}} + m_{\mathrm{p}}L_1^2), (k_1+k_2), \alpha I_{\mathrm{h}}, \alpha(p_1+p_2)\}$。

應用引理 2.2，可得以下結論：

$$|V_3(t)| \leqslant \beta\rho\int_{L_1}^{L}[\dot{y}(x,t)]^2\mathrm{d}x + \beta\rho\int_{L_1}^{L}[w(x,t)]^2\mathrm{d}x + \beta I_{\mathrm{p}}\int_{L_1}^{L}[\dot{\varphi}(x,t)]^2\mathrm{d}x +$$

$$\beta I_{\mathrm{p}}\int_{L_1}^{L}[\varphi(x,t)]^2\mathrm{d}x + \beta\rho x_{\mathrm{e}}c\int_{L_1}^{L}[\dot{y}(x,t)]^2\mathrm{d}x + \beta\rho x_{\mathrm{e}}c\int_{L_1}^{L}[\varphi(x,t)]^2\mathrm{d}x +$$

$$\beta\rho x_{\mathrm{e}}c\int_{L_1}^{L}[\dot{\varphi}(x,t)]^2\mathrm{d}x + \beta\rho x_{\mathrm{e}}c\int_{L_1}^{L}[w(x,t)]^2\mathrm{d}x +$$

$$\alpha\rho x_{\mathrm{e}}c\int_{L_1}^{L}[\dot{y}(x,t)]^2\mathrm{d}x + \alpha\rho x_{\mathrm{e}}c\int_{L_1}^{L}[\dot{\varphi}(x,t)]^2\mathrm{d}x$$

$$\leqslant (\beta\rho + \beta\rho x_{\mathrm{e}}c + \alpha\rho x_{\mathrm{e}}c)\int_{L_1}^{L}[\dot{y}(x,t)]^2\mathrm{d}x + (\beta I_{\mathrm{p}} + \beta\rho x_{\mathrm{e}}c + \alpha\rho x_{\mathrm{e}}c)\int_{L_1}^{L}[\dot{\varphi}(x,t)]^2$$

$$\mathrm{d}x + (\beta\rho + \beta\rho x_{\mathrm{e}}c)L_2^4\int_{L_1}^{L}[w''(x,t)]^2\mathrm{d}x + (\beta I_{\mathrm{p}} + \beta\rho x_{\mathrm{e}}c)L_2^2\int_{L_1}^{L}[\varphi'(x,t)]^2\mathrm{d}x$$

$$\leqslant \gamma_5\kappa_1(t) \tag{5-35}$$

式中，$\gamma_5 = \max\{\beta\rho + \beta\rho x_{\mathrm{e}}c + \alpha\rho x_{\mathrm{e}}c,\ \beta I_{\mathrm{p}} + \beta\rho x_{\mathrm{e}}c + \alpha\rho x_{\mathrm{e}}c,\ (\beta\rho + \beta\rho x_{\mathrm{e}}c)L_2^4,\ (\beta I_{\mathrm{p}} + \beta\rho x_{\mathrm{e}}c)L_2^2\}$。

由此，可以得到以下不等式：

$$0 \leqslant \lambda_1\kappa(t) \leqslant V(t) \leqslant \lambda_2\kappa(t) \tag{5-36}$$

式中，$\lambda_1 = \min\{\gamma_1 - \gamma_5,\ \gamma_3\}$；$\lambda_2 = \max\{\gamma_2 + \gamma_5,\ \gamma_4\}$。

所以，該李雅普諾夫函數 $V(t)$ 正定。

接下來，需要證明該李雅普諾夫函數 $V(t)$ 對時間進行求導後的導函數同樣具有上界，即：

$$\dot{V}(t) \leqslant -\lambda V(t) + \varepsilon \tag{5-37}$$

式中，λ 和 ε 均為正常值。

首先，對該李雅普諾夫函數對時間求偏導，如式(5-38) 所示：

$$\dot{V}(t) = \dot{V}_1(t) + \dot{V}_2(t) + \dot{V}_3(t) \tag{5-38}$$

在 $V_1(t)$ 對時間求偏導的過程中代入系統動力學模型中的主控制方程，如式(5-39) 所示：

$$\dot{V}_1(t) = \alpha\rho\int_{L_1}^{L} \dot{y}(x,t)\ddot{y}(x,t)\mathrm{d}x + \alpha I_\mathrm{p}\int_{L_1}^{L} \dot{\varphi}(x,t)\ddot{\varphi}(x,t)\mathrm{d}x +$$

$$\alpha EI_\mathrm{b}\int_{L_1}^{L} w''(x,t)\dot{w}''(x,t)\mathrm{d}x + \alpha GJ\int_{L_1}^{L} \varphi'(x,t)\dot{\varphi}'(x,t)\mathrm{d}x \leqslant$$

$$-\left(\frac{\alpha\eta EI_\mathrm{b}}{2L_2^4} - \alpha\sigma_1\right)\int_{L_1}^{L} [\dot{y}(x,t)]^2\mathrm{d}x - \left(\frac{\alpha\eta GJ}{2L_2^2} - \alpha\sigma_2 x_\mathrm{a}c\right)\int_{L_1}^{L} [\dot{\varphi}(x,t)]^2\mathrm{d}x -$$

$$\left(\frac{\alpha\eta EI_\mathrm{b}}{2} - \alpha\eta EI_\mathrm{b}\sigma_3\right)\int_{L_1}^{L} [\dot{w}''(x,t)]^2\mathrm{d}x - \frac{\alpha\eta GJ}{2}\int_{L_1}^{L} [\dot{\varphi}'(x,t)]^2\mathrm{d}x +$$

$$\alpha EI_\mathrm{b}\sigma_4\int_{L_1}^{L} [w''(x,t)]^2\mathrm{d}x + \left(\frac{\alpha}{\sigma_3} + \frac{\alpha}{\sigma_4}\right)[\dot{\theta}_1(t) + \dot{\theta}_2(t)]^2 +$$

$$\alpha[GJ\varphi'(L,t) + \eta GJ\dot{\varphi}'(L,t)]\dot{\varphi}(L,t) + \left(\frac{\alpha}{\sigma_1} + \frac{\alpha x_\mathrm{a}c}{\sigma_2}\right)L_2 F_\mathrm{bmax}^2 + \frac{C}{L_2^4} +$$

$$\alpha\rho x_\mathrm{e}c\int_{L_1}^{L} [\dot{y}(x,t)\ddot{\varphi}(x,t) + \dot{\varphi}(x,t)\ddot{w}(x,t)]\mathrm{d}x$$

$$\tag{5-39}$$

對 $V_2(t)$ 進行對時間求偏導數並代入所設計的控制器 $F_{\mathrm{ul}}(t)$，如式(5-40) 所示：

$$\dot{V}_2(t) = (I_\mathrm{R} + m_\mathrm{p}L_1^2)u_{1\mathrm{a}}(t)[-\ddot{\theta}_1(t) - \dot{\theta}_1(t)] + (k_1 + k_2)[\theta_1(t) - \theta_{1\mathrm{d}}]\dot{\theta}_1(t) +$$

$$\alpha(p_1 + p_2)[\theta_2(t) - \theta_{2\mathrm{d}}]\dot{\theta}_2(t) + \alpha I_\mathrm{h}[\dot{\theta}_1(t) + \dot{\theta}_2(t)][\ddot{\theta}_1(t) + \ddot{\theta}_2(t)] +$$

$$\alpha I_\mathrm{h}u_{2\mathrm{a}}(t)[-\ddot{\theta}_1(t) - \dot{\theta}_1(t) - \ddot{\theta}_2(t) - \dot{\theta}_2(t)] \leqslant$$

$$-\left(k - \frac{\alpha I_\mathrm{h}k\xi_{10}}{I_\mathrm{R} + m_\mathrm{p}L_1^2}\right)[u_{1\mathrm{a}}(t)]^2 -$$

$$\left(k_1 - \frac{\alpha p_1}{\xi_1} - \frac{\alpha p_2}{\xi_3} - \frac{\alpha I_\mathrm{h}}{\xi_9} - \frac{\alpha I_\mathrm{h}k_1\xi_{11}}{I_\mathrm{R} + m_\mathrm{p}L_1^2}\right)[\dot{\theta}_1(t)]^2 -$$

$$\left(k_2 - \frac{\alpha p_1}{\xi_2} - \frac{\alpha p_2}{\xi_4} - \frac{\alpha p_3}{\xi_5} - \frac{\alpha I_\mathrm{h}k_2\xi_{12}}{I_\mathrm{R} + m_\mathrm{p}L_1^2}\right)[\theta_1(t) - \theta_{1\mathrm{d}}]^2 -$$

$$\left[\alpha(p - I_\mathrm{h}\xi_9) - \alpha EI_\mathrm{b}(\xi_7 + \eta\xi_8) - \alpha I_\mathrm{h} -\right.$$

$$\left.\frac{\alpha I_\mathrm{h}}{I_\mathrm{R} + m_\mathrm{p}L_1^2}\left(\frac{k}{\xi_{10}} + \frac{k_1}{\xi_{11}} + \frac{k_2}{\xi_{12}}\right)\right][u_{2\mathrm{a}}(t)]^2 -$$

$$(\alpha p_1 - \alpha p_1 \xi_1 - \alpha p_1 \xi_2)[\dot{\theta}_2(t)]^2 -$$

$$\left(\alpha p_2 - \alpha p_2 \xi_3 - \alpha p_2 \xi_4 - \frac{\alpha p_3}{\xi_6}\right)[\theta_2(t) - \theta_{2\mathrm{d}}]^2 -$$

$$(\alpha p_3 + \alpha I_\mathrm{h} - \alpha p_3 \xi_5 - \alpha p_3 \xi_6)[\dot{\theta}_1(t) + \dot{\theta}_2(t)]^2 +$$

$$\frac{\alpha p_4 - \alpha EI_\mathrm{b}}{\xi_7}\int_{L_1}^{L}[w''(x,t)]^2\,\mathrm{d}x + \frac{\alpha \eta EI_\mathrm{b}}{\xi_8}\int_{L_1}^{L}[\dot{w}''(x,t)]^2\,\mathrm{d}x \qquad (5\text{-}40)$$

同樣，對 $V_3(t)$ 進行對時間求偏導數並代入系統模型中的控制方程，如式(5-41) 所示：

$$\dot{V}_3(t) = \beta\rho\int_{L_1}^{L}\ddot{y}(x,t)w(x,t)\,\mathrm{d}x + \beta\rho\int_{L_1}^{L}\dot{y}(x,t)\dot{w}(x,t)\,\mathrm{d}x +$$

$$\beta I_\mathrm{p}\int_{L_1}^{L}\ddot{\varphi}(x,t)\varphi(x,t)\,\mathrm{d}x + \beta I_\mathrm{p}\int_{L_1}^{L}[\dot{\varphi}(x,t)]^2\,\mathrm{d}x -$$

$$\beta\rho x_\mathrm{e}c\int_{L_1}^{L}\ddot{y}(x,t)\varphi(x,t)\,\mathrm{d}x - \beta\rho x_\mathrm{e}c\int_{L_1}^{L}\dot{y}(x,t)\dot{\varphi}(x,t)\,\mathrm{d}x -$$

$$\beta\rho x_\mathrm{e}c\int_{L_1}^{L}\ddot{\varphi}(x,t)w(x,t)\,\mathrm{d}x - \beta\rho x_\mathrm{e}c\int_{L_1}^{L}\dot{\varphi}(x,t)\dot{w}(x,t)\,\mathrm{d}x -$$

$$\alpha\rho x_\mathrm{e}c\int_{L_1}^{L}\ddot{y}(x,t)\dot{\varphi}(x,t)\,\mathrm{d}x - \alpha\rho x_\mathrm{e}c\int_{L_1}^{L}\dot{y}(x,t)\ddot{\varphi}(x,t)\,\mathrm{d}x$$

$$\leqslant (\beta\rho\sigma_{11} + \beta\rho x_\mathrm{e}c\sigma_5)\int_{L_1}^{L}[\dot{y}(x,t)]^2\,\mathrm{d}x +$$

$$\left(\beta I_\mathrm{p} + \frac{\beta\rho x_\mathrm{e}c}{\sigma_5} + \frac{\beta\rho x_\mathrm{e}c}{\sigma_6}\right)\int_{L_1}^{L}[\dot{\varphi}(x,t)]^2\,\mathrm{d}x -$$

$$(\beta EI_\mathrm{b} - \beta L_2^4\sigma_5 - \beta\eta EI_\mathrm{b}\sigma_9)\int_{L_1}^{L}[w''(x,t)]^2\,\mathrm{d}x -$$

$$(\beta GJ - \beta x_\mathrm{a}cL_2^2\sigma_6 - \beta\eta GJ\sigma_{10})\int_{L_1}^{L}[\varphi'(x,t)]^2\,\mathrm{d}x +$$

$$\left(\frac{\beta\rho}{\sigma_{11}} + \frac{\beta\eta EI_\mathrm{b}}{\sigma_9} + \beta\rho x_\mathrm{e}c\sigma_6 L_2^4\right)\int_{L_1}^{L}[\dot{w}''(x,t)]^2\,\mathrm{d}x +$$

$$\left(\frac{\beta\rho x_\mathrm{e}cL_2^2}{\sigma_6} + \frac{\beta\eta GJ}{\sigma_{10}}\right)\int_{L_1}^{L}[\dot{\varphi}'(x,t)]^2\,\mathrm{d}x +$$

$$\beta[GJ\varphi'(L,t) + \eta GJ\dot{\varphi}'(L,t)]\varphi(L,t) + \left(\frac{\beta}{\sigma_7} + \frac{\beta x_\mathrm{a}c}{\sigma_8}\right)L_2 F_{\mathrm{b\,max}}^2 -$$

$$\alpha\rho x_\mathrm{e}c\int_{L_1}^{L}[\dot{y}(x,t)\ddot{\varphi}(x,t) + \ddot{y}(x,t)\dot{\varphi}(x,t)]\,\mathrm{d}x$$

$$(5\text{-}41)$$

將上述式子代入 $\dot{V}(t) = \dot{V}_1(t) + \dot{V}_2(t) + \dot{V}_3(t)$ 整理後可得：

$$\dot{V}(t) = \dot{V}_1(t) + \dot{V}_2(t) + \dot{V}_3(t)$$

$$\leqslant -\mu_1 \int_{L_1}^{L} [\dot{y}(x,t)]^2 \,\mathrm{d}x - \mu_2 \int_{L_1}^{L} [\dot{\varphi}(x,t)]^2 \,\mathrm{d}x -$$

$$\mu_3 \int_{L_1}^{L} [w''(x,t)]^2 \,\mathrm{d}x - \mu_4 \int_{L_1}^{L} [\varphi'(x,t)]^2 \,\mathrm{d}x -$$

$$\mu_5 [u_{1a}(t)]^2 - \mu_6 [\theta_1(t) - \theta_{1d}]^2 - \mu_7 [u_{2a}(t)]^2 -$$

$$\mu_8 [\theta_2(t) - \theta_{2d}]^2 - \mu_9 [\dot{\theta}_1(t) + \dot{\theta}_2(t)] -$$

$$\left[\eta E I_b \left(\frac{\alpha}{2} - \alpha\sigma_3 - \frac{\alpha}{\xi_8} - \frac{\beta}{\sigma_9} \right) - \frac{\beta\rho}{\sigma_{11}} - \beta\rho x_e c \sigma_6 L_2^4 \right] \int_{L_1}^{L} [\dot{w}''(x,t)]^2$$

$$\mathrm{d}x - \left(\frac{\alpha\eta GJ}{2} - \frac{\beta\rho x_e c L_2^2}{\sigma_6} - \frac{\beta\eta GJ}{\sigma_{10}} \right) \int_{L_1}^{L} [\dot{\varphi}'(x,t)]^2 \,\mathrm{d}x -$$

$$\left(k_1 - \frac{\alpha p_1}{\xi_1} - \frac{\alpha p_2}{\xi_3} - \frac{\alpha I_h}{\xi_9} - \frac{\alpha I_h k_1 \xi_{11}}{I_R + m_p L_1^2} \right) [\dot{\theta}_1(t)]^2 -$$

$$(\alpha p_1 - \alpha p_1 \xi_1 - \alpha p_1 \xi_2) [\dot{\theta}_2(t)]^2 - q[\alpha\dot{\varphi}(L,t) + \beta\varphi(L,t)]^2 +$$

$$\left(\frac{\alpha}{\sigma_1} + \frac{\alpha x_a c}{\sigma_2} + \frac{\beta}{\sigma_7} + \frac{\beta x_a c}{\sigma_8} \right) L_2 F_{b\max}^2$$

$$\leqslant -\lambda_3 \kappa(t) + \varepsilon$$

$$\leqslant -\lambda V(t) + \varepsilon$$

$$(5\text{-}42)$$

式中

$$\mu_1 = \frac{\alpha\eta E I_b}{2L_2^4} - \alpha\sigma_1 - \beta\rho\sigma_{11} - \beta\sigma_5 \rho x_e c \qquad (5\text{-}43)$$

$$\mu_2 = \frac{\alpha\eta GJ}{2L_2^2} - \alpha\sigma_2 x_a c - \beta I_p - \frac{\beta\rho x_e c}{\sigma_5} - \frac{\beta\rho x_e c}{\sigma_6} \qquad (5\text{-}44)$$

$$\mu_3 = \beta E I_b - \beta\eta E I_b \sigma_9 - \alpha\sigma_4 E I_b - \frac{\alpha p_4 - \alpha E I_b}{\xi_7} - \beta\sigma_7 L_2^4 \quad (5\text{-}45)$$

$$\mu_4 = \beta GJ - \beta\sigma_8 x_a c L_2^2 - \beta\eta GJ \sigma_{10} \qquad (5\text{-}46)$$

$$\mu_5 = k - \frac{\alpha I_h k \xi_{10}}{I_R + m_p L_1^2} \qquad (5\text{-}47)$$

$$\mu_6 = k_2 - \frac{\alpha p_1}{\xi_2} - \frac{\alpha p_2}{\xi_4} - \frac{\alpha p_3}{\xi_5} - \frac{\alpha I_h k_2 \xi_{12}}{I_R + m_p L_1^2} \qquad (5\text{-}48)$$

$$\mu_7 = \alpha(p - I_h\xi_9) - \alpha EI_b(\xi_7 + \eta\xi_8) - \frac{\alpha I_h}{I_R + m_p L_1^2}\left(\frac{k}{\xi_{10}} + \frac{k_1}{\xi_{11}} + \frac{k_2}{\xi_{12}}\right)$$

$$(5\text{-}49)$$

$$\mu_8 = \alpha p_2 - \alpha p_2\xi_3 - \alpha p_2\xi_4 - \frac{\alpha p_3}{\xi_6} \qquad (5\text{-}50)$$

$$\mu_9 = \alpha p_3 + \alpha I_h - \alpha p_3\xi_5 - \alpha p_3\xi_6 - \frac{\alpha}{\sigma_3} - \frac{\alpha}{\sigma_4} \qquad (5\text{-}51)$$

$$\lambda_3 = \min\{\mu_1, \mu_2, \mu_3, \mu_4, \mu_5, \mu_6, \mu_7, \mu_8, \mu_9\} \qquad (5\text{-}52)$$

$$\lambda = \lambda_3/\lambda_2 \qquad (5\text{-}53)$$

同時代入施加的控制器，可得以下結論：

$$\dot{V}(t) \leqslant -\lambda V(t) + \varepsilon \qquad (5\text{-}54)$$

　　在進行下一步對剛柔混合撲翼進行穩定性分析與證明的過程中，運用李雅普諾夫直接法以及上文所推導得到的結論，可以進行下一步的分析。

　　對於所建立的剛柔混合的兩連桿撲翼的動力學模型系統，施加了設計出的控制器之後，假設系統具有有界的初值條件，則這個剛柔混合撲翼所處的系統的狀態量均為一致有界，因此，可以得出，該剛柔混合的兩連桿撲翼閉環系統的彎曲形變位移和扭轉形變位移是有界的，其振動狀態終將收斂，即：

$$|w(x,t)| \leqslant \sqrt{\frac{L_2^3}{\lambda_1}\left[V(0)\mathrm{e}^{-\lambda t} + \frac{\varepsilon}{\lambda}\right]}, \forall(x,t) \in (L_1,L)[0,\infty)$$

$$(5\text{-}55)$$

$$|\varphi(x,t)| \leqslant \sqrt{\frac{L_2}{\lambda_1}\left[V(0)\mathrm{e}^{-\lambda t} + \frac{\varepsilon}{\lambda}\right]}, \forall(x,t) \in (L_1,L)[0,\infty)$$

$$(5\text{-}56)$$

　　並且，該剛柔混合兩連桿撲翼系統對兩個連桿的角度追蹤誤差也能夠收斂到一個極小的常數：

$$|e_1(t)| \leqslant \sqrt{\frac{1}{\lambda_1}\left[V(0)\mathrm{e}^{-\lambda t} + \frac{\varepsilon}{\lambda}\right]}, \forall t \in [0,\infty) \qquad (5\text{-}57)$$

$$|e_2(t)| \leqslant \sqrt{\frac{1}{\lambda_1}\left[V(0)\mathrm{e}^{-\lambda t} + \frac{\varepsilon}{\lambda}\right]}, \forall t \in [0,\infty) \qquad (5\text{-}58)$$

　　證明：由引理 3.2 可得如下結論：

$$\dot{V}(t)\mathrm{e}^{\lambda t} \leqslant -\lambda V(t)\mathrm{e}^{\lambda t} + \varepsilon\mathrm{e}^{\lambda t} \qquad (5\text{-}59)$$

對式(5-37) 不等號兩側同時進行積分，如式(5-60) 所示：

$$V(t) \leqslant \left[V(0) - \frac{\varepsilon}{\lambda} \right] \mathrm{e}^{-\lambda t} + \frac{\varepsilon}{\lambda} \tag{5-60}$$

$$\leqslant V(0)\mathrm{e}^{-\lambda t} + \frac{\varepsilon}{\lambda}$$

至此，可以得到該李雅普諾夫函數 $V(t)$ 具有有界性，可得如下結論：

$$\frac{1}{L_2^3} [w(x,t)]^2 \leqslant \frac{1}{L_2^2} \int_{L_1}^{L} [w'(x,t)]^2 \mathrm{d}x \leqslant \int_{L_1}^{L} [w''(x,t)]^2 \mathrm{d}x$$

$$\leqslant \kappa(t) \leqslant \frac{1}{\lambda_1} V(t)$$

$$\tag{5-61}$$

結合上式可以得到該剛柔混合撲翼的輸出狀態量 $w(x,t)$ 有界：

$$| w(x,t) | \leqslant \sqrt{\frac{L_2^3}{\lambda_1} \left[V(0)\mathrm{e}^{-\lambda t} + \frac{\varepsilon}{\lambda} \right]} , \forall (x,t) \in (L_1,L)[0,\infty) \tag{5-62}$$

同樣：

$$| \varphi(x,t) | \leqslant \sqrt{\frac{L_2}{\lambda_1} \left[V(0)\mathrm{e}^{-\lambda t} + \frac{\varepsilon}{\lambda} \right]} , \forall (x,t) \in (L_1,L)[0,\infty) \tag{5-63}$$

由此可以看到，當時間 t 趨向於無窮大的時候，在適當選取系統參數後，式(5-57)、式(5-58)、式(5-62) 和式(5-63) 中表示的相關系統狀態量收斂，最終收斂至 0 的較小鄰域範圍內。

5.3 MATLAB 數值仿真

透過應用李雅普諾夫直接法對所設計的邊界控制器進行穩定性分析，在理論上對撲翼飛行器的外部干擾所造成的撲翼柔性連桿的振動能夠得到良好的抑制效果。進一步透過 MATLAB 數值仿真，應用有限差分的方法，以及對控制參數進行反復選擇，對所設計的控制器的控制效果進行更深入的檢驗。所選取的系統參數如表 5-1 所示。

對剛柔混合的兩連桿撲翼的數值仿真的過程中，首先對該剛柔混合撲翼系統的初始條件進行設定：$w(x,0) = x/L$ ，$\theta(x,0) = \pi x/2L$ 。

剛柔混合撲翼的外部干擾 $F_{\mathrm{b}}(x,t)$ 設定為：

$$F_{\mathrm{b}}(x,t) = [1 + \sin(\pi t) + 3\cos(3\pi t)]x/3 \tag{5-64}$$

表 5-1　剛柔混合撲翼的控制參數

參數	參數描述	參數值
L	剛柔混合撲翼的總長度	2m
L_1	撲翼剛性連桿的長度	1m
m_P	撲翼剛性連桿與柔性連桿鉸接點的質量	10kg
I_R	撲翼鋼性連桿的轉動慣量	$10\mathrm{kg \cdot m^2}$
ρ	撲翼柔性連桿單位展長的質量	5kg/m
I_p	撲翼柔性連桿的慣性極矩	$0.8\mathrm{kg \cdot m}$
EI_b	撲翼柔性連桿的抗彎剛度	$0.12\mathrm{N \cdot m^2}$
GJ	撲翼柔性連桿的扭轉剛度	$0.2\mathrm{N \cdot m^2}$
x_ec	撲翼柔性連桿質心到剪切中心的距離	0.25m
x_ac	柔性連桿氣動中心到剪切中心的距離	0.05m
η	Kelvin-Voight 阻尼係數	0.05

對剛柔混合的兩連桿撲翼的剛性連桿部分，主要是對其撲動角度進行追蹤，如圖 5-2 和圖 5-3 所示，為其剛性連桿在進行角度追蹤的過程中控制器輸出 $F_{u1}(t)$ 以及其撲動角度的變化情況。由數值仿真結果可以看出，$F_{u1}(t)$ 控制器對於撲翼剛性連桿的角度追蹤具有良好的控制效果。

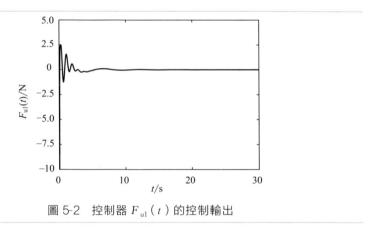

圖 5-2　控制器 $F_{u1}(t)$ 的控制輸出

對剛柔混合的兩連桿撲翼的柔性連桿在不加控制的情況下，即 $F(t)=M(t)=0$，可以得到該撲翼的柔性連桿在僅受到外部擾動的情況下的振動情況，如圖 5-4 和圖 5-5 所示。由 MATLAB 數值仿真結果可以看出，撲翼的柔性連桿在外部擾動的作用下，產生了大幅度的振動問題，並且在不施加控制器的情況下，撲翼柔性連桿的輸出狀態量具有無規律的振動現象，並且在時間的後移中並沒有呈現出衰減的勢態，對剛柔混合撲翼系統的穩定性造成了嚴重的影響。

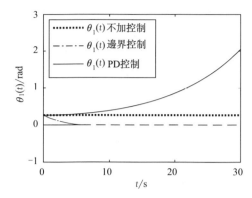

圖 5-3　剛柔混合撲翼剛性連桿的角度追蹤

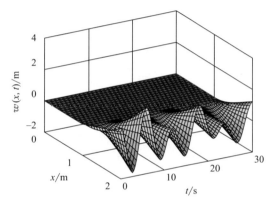

圖 5-4　未施加控制的柔性連桿彎曲位移

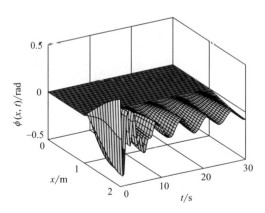

圖 5-5　未施加控制的柔性連桿扭轉位移

因此，選擇在剛柔混合撲翼兩個連桿的鉸接處添加邊界控制器，以抑制外部干擾造成的撲翼柔性連桿的振動問題，從而減小由於振動造成的控制誤差，進一步保證整個系統的控制穩定性。未加控制、施加邊界控制器以及施加 PD 控制器的效果對比圖如圖 5-6 所示。

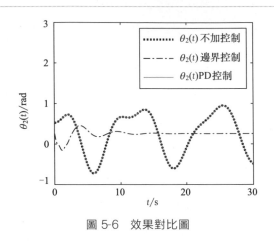

圖 5-6　效果對比圖

由數值仿真結果可以看出，在施加了所設計的主動邊界控制器之後，剛柔混合撲翼彎曲位移的形變量與扭轉位移的形變量具有收斂的趨勢，並且在較短的時間內收斂到零的小鄰域內，如圖 5-7 和圖 5-8 所示。

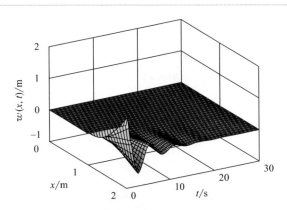

圖 5-7　剛柔混合撲翼彎曲位移的振動控制

此外，使用傳統的 PD 控制方法與邊界控制方法效果進行對比，如圖 5-9 和圖 5-10 所示。

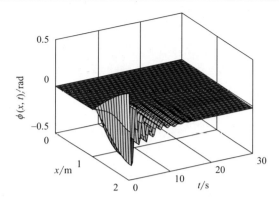

圖 5-8　剛柔混合撲翼扭轉形變的振動控制

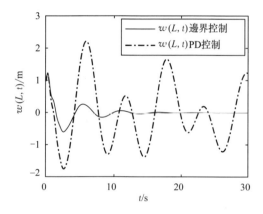

圖 5-9　剛柔混合撲翼柔性連桿彎曲位移施加控制前後對比

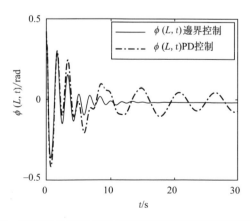

圖 5-10　剛柔混合撲翼柔性連桿扭轉位移施加控制前後對比

　　從圖中可以看出，傳統的 PD 控制並不能對撲翼柔性連桿的部分進行有效的振動控制，但是所設計的主動邊界控制器具有良好的控制效果，在保證了兩個連桿的角度追蹤的精度下，同時能夠保證撲翼的柔性連桿在外部干擾 $F_b(x,t)$ 的作用下仍能夠保持很好的振動抑制效果，從而保證了整個系統良好的控制效果。

5.4　本章小結

　　本章主要對具有兩連桿的剛柔混合撲翼進行建模與振動抑制，比通常的單一撲翼具有更高的控制難度。應用拉格朗日方程對撲翼的剛性連桿進行動力學分析，應用 Hamilton 原理透過對系統的動能、勢能和非保守力所做的虛功對撲翼的柔性連桿進行動力學分析，完成剛柔混合撲翼的動力學建模，進一步設計相關控制器，並利用李雅普諾夫直接法驗證其穩定性，然後透過數值仿真得到理想的控制效果，可以看出本書所設計的控制器能夠有效地抑制該兩連桿撲翼的柔性連桿在扭轉和撲動兩個自由度方向的振動，同時能夠對兩個連桿的角度進行控制與誤差追蹤。

第6章

帶有輸出約束
的柔性翼的
控制系統設計

　　柔性撲翼飛行機器人的應用過程中經常存在著輸出約束問題，這時候需要考慮設計具有抗飽和特性的邊界控制方法。文獻［92］提出一種神經動力學的方法來解決約束變量不等式問題，但是其方法僅適用於線性系統。文獻［30］提出了邊界控制方法抑制柔性翼振動問題，但沒有考慮輸出約束問題。障礙李雅普諾夫函數（Barrier Lyapunov Function，BLF）[56]作為一種控制器設計新方法，不僅可以解決輸出約束問題，同時可以避免系統性能衰減或物理損傷的危險。

　　本章在撲翼飛行機器人 PDE 動力學模型的基礎上，利用李雅普諾夫直接法，構造一種新型障礙李雅普諾夫函數，保證在輸出約束的情況下還能實現控制目標，同時保證系統穩定性。在設計邊界控制律的過程中，充分地考慮了帶非線性特性的輸入訊號的影響以及如何滿足輸出訊號所受的約束。實現抑制外界擾動引起柔性翼振動的同時，保證了閉環系統的輸出訊號在約束範圍內。

6.1　帶有輸出約束的柔性翼控制模型

　　在 3.2 節中詳細研究過的柔性撲翼飛行機器人柔性翼模型的基礎上，同時考慮帶有輸出 $w(L,t)$ 和 $\theta(x,t)$ 約束的問題[93~95]，基於柔性翼的 PDE-ODEs 模型[96~98]，運用帶障礙的李雅普諾夫直接法，設計有效的邊界控制器達到控制目的。

　　實際應用中，為了保證整個仿生撲翼飛行機器人的機械結構能安全有效使用，避免輸出溢出問題所帶來的機械損傷，柔性撲翼飛行機器人還涉及輸出約束的控制問題。由於控制器中引入系統狀態的高階偏導數會導致系統不穩定，甚至發散，此時控制系統的設計會變得更加複雜。如何設計邊界控制算法，保證輸出在約束範圍內，同時滿足控制要求，也是需要考慮的問題之一。

　　在解決帶有輸出約束的邊界控制問題時，提出了一種新穎的邊界李雅普諾夫函數來保證被控參數能夠限制在約定的範圍，即 $|w(L,t)|<D$ 和 $|(L,t)|<\phi$，從而達到控制目的。整個控制設計流程圖如圖 6-1 所示。

　　對於控制方程式(3-15) 和式(3-16)描述的系統動態特性，設計基於模型的邊界控制器為：

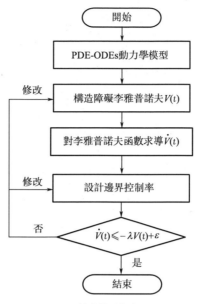

圖 6-1　控制設計流程圖

$$U_1(t) = -\frac{k_1 w(L,t) + k_2 \dot{w}(L,t)}{D^2 - w^2(L,t)}$$

$$U_2(t) = -\frac{k_3 \theta(L,t) + k_4 \dot{\theta}(L,t)}{\phi^2 - \theta^2(L,t)}$$

$$(6\text{-}1)$$

式中，k_1、k_2、k_3、k_4 是控制增益，為正常數。

6.2　穩定性分析

基於李雅普諾夫直接法進行邊界控制設計與穩定分析，構造了如下帶有障礙項的李雅普諾夫函數：

$$V(t) = V_1(t) + V_2(t) + V_3(t) \tag{6-2}$$

式中

$$V_1(t) = \frac{a}{2} m \int_0^L [\dot{w}(x,t)]^2 \,\mathrm{d}x + \frac{a}{2} EI_b \int_0^L [w''(x,t)]^2 \,\mathrm{d}x +$$

$$\frac{a}{2} I_p \int_0^L [\dot{\theta}(x,t)]^2 \,\mathrm{d}x + \frac{a}{2} GJ \int_0^L [\theta'(x,t)]^2 \,\mathrm{d}x$$

$$(6\text{-}3)$$

$$V_2(t) = \frac{ak_1 + bk_2}{2} \ln \frac{D^2}{D^2 - w^2(L,t)} + \frac{ak_3 + bk_4}{2} \ln \frac{\phi^2}{\phi^2 - \theta^2(L,t)}$$

(6-4)

$$V_3(t) = bm \int_0^L \dot{w}(x,t) w(x,t) \mathrm{d}x + bI_p \int_0^L \dot{\theta}(x,t) \theta(x,t) \mathrm{d}x -$$

$$bmx_ec \int_0^L [\dot{w}(x,t)\theta(x,t) + w(x,t)\dot{\theta}(x,t)] \mathrm{d}x -$$

$$amx_ec \int_0^L \dot{w}(x,t)\dot{\theta}(x,t) \mathrm{d}x$$

(6-5)

引理 6.1：上文中所構造的李雅普諾夫函數是具有上下界的函數，可以表示為：

$$0 < \lambda_2 [V_1(t) + V_2(t)] \leqslant V(t) \leqslant \lambda_1 [V_1(t) + V_2(t)]$$

(6-6)

式中，λ_1，λ_2 為正常數。

證明：定義函數 $v(t)$：

$$v(t) = \int_0^L \{[\dot{w}(x,t)]^2 + [\dot{\theta}(x,t)]^2 + [w''(x,t)]^2 + [\theta'(x,t)]^2\} \mathrm{d}x$$

(6-7)

從式(6-3) 可以得到：

$$\mu_2 v(t) \leqslant V_1(t) \leqslant \mu_1 v(t)$$

(6-8)

式中，$\mu_1 = \frac{a}{2} \max\{m, I_p, EI_b, GJ\}$；$\mu_2 = \frac{a}{2} \min\{m, I_p, EI_b, GJ\}$。

根據引理 2.2，結合式(6-7)，可以得出：

$$|V_3(t)| \leqslant bm \left\{ \int_0^L [\dot{w}(x,t)]^2 \mathrm{d}x + L^4 \int_0^L [w''(x,t)]^2 \mathrm{d}x \right\} +$$

$$bI_p \left\{ \int_0^L [\dot{\theta}(x,t)]^2 \mathrm{d}x + L^2 \int_0^L [\theta'(x,t)]^2 \mathrm{d}x \right\} +$$

$$bmx_ec \left\{ \int_0^L [\dot{w}(x,t)]^2 \mathrm{d}x + \int_0^L [\dot{\theta}(x,t)]^2 \mathrm{d}x + \right.$$

$$\left. L^4 \int_0^L [w''(x,t)]^2 \mathrm{d}x + L^2 \int_0^L [\theta'(x,t)]^2 \mathrm{d}x \right\} +$$

$$amx_ec \left\{ \int_0^L [\dot{w}(x,t)]^2 \mathrm{d}x + \int_0^L [\dot{\theta}(x,t)]^2 \mathrm{d}x \right\}$$

$$= (bm + bmx_ec + amx_ec) \int_0^L [\dot{w}(x,t)]^2 \mathrm{d}x +$$

$$(bI_p + bmx_ec + amx_ec) \int_0^L [\dot{\theta}(x,t)]^2 \mathrm{d}x +$$

$$(bm + bmx_ec)L^4 \int_0^L [w''(x,t)]^2 \mathrm{d}x +$$

$$(bI_p + bmx_ec)L^2\int_0^L[\theta'(x,t)]^2\mathrm{d}x \leqslant \mu_3 v(t) \qquad (6\text{-}9)$$

式中，$\mu_3 = \max\{bm + bmx_ec + amx_ec, bI_p + bmx_ec + amx_ec, (bm + bmx_ec)L^4, (bI_p + bmx_ec)L^2\}$。

根據上述公式可以得出：

$$0 \leqslant \beta_2 V_1(t) \leqslant V_1(t) + V_3(t) \leqslant \beta_1 V_1(t) \qquad (6\text{-}10)$$

式中，$\beta_1 = 1 + \dfrac{\mu_3}{\mu_2}$，$\beta_2 = 1 - \dfrac{\mu_3}{\mu_2}$，所以可以得到引理 6.1：

$$0 \leqslant \lambda_2[V_1(t) + V_2(t)] \leqslant V(t) \leqslant \lambda_1[V_1(t) + V_2(t)] \qquad (6\text{-}11)$$

式中，$\lambda_2 = \min\{\beta_2, 1\}$，$\lambda_1 = \max\{\beta_1, 1\}$ 都是正的常數。

引理 6.2：構造的李雅普諾夫函數 [式(6-2)] 對時間的導數也是有上界的，表示為：

$$\dot{V}(t) \leqslant -\lambda V(t) + \varepsilon \qquad (6\text{-}12)$$

式中，λ、ε 都是正的常數。

證明：對構造的李雅普諾夫函數 [式(6-2)] 求導為：

$$\dot{V}(t) = \dot{V}_1(t) + \dot{V}_2(t) + \dot{V}_3(t) \qquad (6\text{-}13)$$

對式(6-3)求對時間的導數以及導入主控制方程式(3-15) 和式(3-16)，可以得到：

$$\dot{V}_1(t) = A_1(t) + A_2(t) + A_3(t) + \cdots + A_6(t) \qquad (6\text{-}14)$$

式中，

$$A_1(t) = -aEI_b\int_0^L \dot{w}(x,t)w''''(x,t)\mathrm{d}x + aEI_b\int_0^L w''(x,t)\dot{w}''(x,t)\mathrm{d}x$$

$$A_2(t) = -a\eta EI_b\int_0^L \dot{w}(x,t)\dot{w}''''(x,t)\mathrm{d}x$$

$$A_3(t) = amx_ec\int_0^L[\dot{w}(x,t)\ddot{\theta}(x,t) + \ddot{w}(x,t)\dot{\theta}(x,t)]\mathrm{d}x$$

$$A_4(t) = a\int_0^L \dot{w}(x,t)F_b(x,t)\mathrm{d}x - ax_ac\int_0^L \dot{\theta}(x,t)F_b(x,t)\mathrm{d}x$$

$$A_5(t) = aGJ\int_0^L \dot{\theta}(x,t)\theta''(x,t)\mathrm{d}x + aGJ\int_0^L \theta'(x,t)\dot{\theta}'(x,t)\mathrm{d}x$$

$$A_6(t) = a\eta GJ\int_0^L \dot{\theta}(x,t)\dot{\theta}''(x,t)\mathrm{d}x$$

$$(6\text{-}15)$$

利用邊界條件 (3-18)，可以化簡 A_1 得到：

$$A_1(t) = -aEI_b\dot{w}(x,t)w'''(x,t)\,|_0^L + aEI_b\int_0^L w'''(x,t)\mathrm{d}\dot{w}(x,t) +$$

$$aEI_b\int_0^L w''(x,t)\dot{w}''(x,t)\mathrm{d}x = -aEI_b\dot{w}(L,t)w'''(L,t) \quad (6\text{-}16)$$

利用邊界條件式(3-18)，以及引理2.2化簡 A_2 得到：

$$A_2(t) = -a\eta EI_b\dot{w}(L,t)\dot{w}'''(L,t) - a\eta EI_b\int_0^L [\dot{w}''(x,t)]^2\mathrm{d}x$$

$$\leqslant -a\eta EI_b\dot{w}(L,t)\dot{w}'''(L,t) - \frac{a\eta EI_b}{2L^4}\int_0^L [\dot{w}(x,t)]^2\mathrm{d}x -$$

$$\frac{a\eta EI_b}{2}\int_0^L [\dot{w}''(x,t)]^2\mathrm{d}x \quad (6\text{-}17)$$

同理可得 A_4、A_5、A_6：

$$A_4(t) \leqslant \sigma_1 a\int_0^L [\dot{w}(x,t)]^2\mathrm{d}x + \sigma_2 ax_ac\int_0^L [\dot{\theta}(x,t)]^2\mathrm{d}x + \left(\frac{a}{\sigma_1}+\frac{ax_ac}{\sigma_2}\right)LF_{b\max}^2$$

$$(6\text{-}18)$$

$$A_5(t) = aGJ\dot{\theta}(x,t)\theta'(x,t)\mid_0^L - aGJ\int_0^L \theta'(x,t)\mathrm{d}\dot{\theta}(x,t) + aGJ\int_0^L \theta'(x,t)\dot{\theta}'(x,t)\mathrm{d}x$$

$$= aGJ\dot{\theta}(L,t)\theta'(L,t) \quad (6\text{-}19)$$

$$A_6(t) = a\eta GJ\dot{\theta}(x,t)\dot{\theta}'(x,t)\mid_0^L - a\eta GJ\int_0^L [\dot{\theta}'(x,t)]^2\mathrm{d}x \leqslant a\eta GJ\dot{\theta}(L,t)\dot{\theta}'(L,t) -$$

$$\frac{a\eta GJ}{2L^2}\int_0^L [\dot{\theta}(x,t)]^2\mathrm{d}x - \frac{a\eta GJ}{2}\int_0^L [\dot{\theta}'(x,t)]^2\mathrm{d}x \quad (6\text{-}20)$$

結合 $A_1 \sim A_6$，可得式(6-21)：

$$\dot{V}_1(t) \leqslant -\left(\frac{a\eta EI_b}{2L^4}-\sigma_1 a\right)\int_0^L [\dot{w}(x,t)]^2\mathrm{d}x - \left(\frac{a\eta GJ}{2L^2}-\sigma_2 ax_ac\right)\int_0^L [\dot{\theta}(x,t)]^2\mathrm{d}x -$$

$$\frac{a\eta EI_b}{2}\int_0^L [\dot{w}''(x,t)]^2\mathrm{d}x - \frac{a\eta GJ}{2}\int_0^L [\dot{\theta}'(x,t)]^2\mathrm{d}x + amx_ec\int_0^L [\dot{w}(x,t)\ddot{\theta}(x,t) +$$

$$\ddot{w}(x,t)\dot{\theta}(x,t)]\mathrm{d}x - aEI_b\dot{w}(L,t)w'''(L,t) - a\eta EI_b\dot{w}(L,t)\dot{w}'''(L,t) +$$

$$aGJ\dot{\theta}(L,t)\theta'(L,t) + a\eta GJ\dot{\theta}(L,t)\dot{\theta}'(L,t) + \left(\frac{a}{\sigma_1}+\frac{ax_ac}{\sigma_2}\right)LF_{b\max}^2 \quad (6\text{-}21)$$

式(6-4)對時間求導可以得到：

$$\dot{V}_2(t) = \frac{(ak_1+bk_2)w(L,t)\dot{w}(L,t)}{D^2-w^2(L,t)} + \frac{(ak_3+bk_4)\theta(L,t)\dot{\theta}(L,t)}{\phi^2-\theta^2(L,t)} \quad (6\text{-}22)$$

式(6-5)對時間求導可以得到：

$$\dot{V}_3(t) = bm\int_0^L \ddot{w}(x,t)w(x,t)\mathrm{d}x + bm\int_0^L [\dot{w}(x,t)]^2\mathrm{d}x + bI_p\int_0^L \ddot{\theta}(x,t)\theta(x,t)\mathrm{d}x +$$

$$bI_p\int_0^L [\dot{\theta}(x,t)]^2\mathrm{d}x - bmx_ec\int_0^L [\ddot{w}(x,t)\theta(x,t) + 2\dot{w}(w,t)\dot{\theta}(x,t) +$$

$$w(x,t)\ddot{\theta}(x,t)]\mathrm{d}x - amx_ec\int_0^L[\dot{w}(x,t)\ddot{\theta}(x,t) + \ddot{w}(x,t)\dot{\theta}(x,t)]\mathrm{d}x$$

$$(6\text{-}23)$$

利用式(3-15)、式(3-16) 和式(3-18)，可以得到：

$$\dot{V}_3(t) \leqslant -bEI_\mathrm{b}w(L,t)w'''(L,t) - bEI_\mathrm{b}\int_0^L[w''(x,t)]^2\mathrm{d}x - b\eta EI_\mathrm{b}w(L,t)\dot{w}'''(L,t) +$$

$$\frac{b\eta EI_\mathrm{b}}{\sigma_3}\int_0^L[w''(x,t)]^2\mathrm{d}x + b\eta EI_\mathrm{b}\sigma_3\int_0^L[\dot{w}''(x,t)]^2\mathrm{d}x + bGJ\theta'(L,t)\theta(L,t) -$$

$$bGJ\int_0^L[\theta'(x,t)]^2\mathrm{d}x + b\eta GJ\theta(L,t)\dot{\theta}'(L,t) + \frac{b\eta GJ}{\sigma_4}\int_0^L[\theta'(x,t)]^2\mathrm{d}x +$$

$$\sigma_4 b\eta GJ\int_0^L[\dot{\theta}'(x,t)]\mathrm{d}x + bm\int_0^L[\dot{w}(x,t)]^2\mathrm{d}x + bI_\mathrm{p}\int_0^L[\dot{\theta}(x,t)]^2\mathrm{d}x -$$

$$amx_ec\int_0^L[\dot{w}(x,t)\ddot{\theta}(x,t) + \ddot{w}(x,t)\dot{\theta}(x,t)]\mathrm{d}x + 2bmx_ec\sigma_5\int_0^L[\dot{w}(x,t)]^2\mathrm{d}x +$$

$$\frac{2bmx_ec}{\sigma_5}\int_0^L[\dot{\theta}(x,t)]^2\mathrm{d}x + \sigma_6 bL^4\int_0^L[w''(x,t)]^2\mathrm{d}x +$$

$$\sigma_7 bL^2 x_ac\int_0^L[\theta'(x,t)]^2\mathrm{d}x + \left(\frac{b}{\sigma_6} + \frac{bx_ac}{\sigma_7}\right)LF_\mathrm{bmax}^2 \qquad (6\text{-}24)$$

將式(6-21)、式(6-22) 和式(6-24) 代入式(6-13) 整理後可以得到：

$$\dot{V}(t) \leqslant -\left(\frac{a\eta EI_\mathrm{b}}{2L^4} - \sigma_1 a\right)\int_0^L[\dot{w}(x,t)]^2\mathrm{d}x - \left(\frac{a\eta GJ}{2L^2} - \sigma_2 ax_ac\right)\int_0^L[\dot{\theta}(x,t)]^2\mathrm{d}x -$$

$$\frac{a\eta EI_\mathrm{b}}{2}\int_0^L[\dot{w}''(x,t)]^2\mathrm{d}x - \frac{a\eta GJ}{2}\int_0^L[\dot{\theta}'(x,t)]^2\mathrm{d}x + amx_ec\int_0^L[\dot{w}(x,t)\ddot{\theta}(x,t) +$$

$$\ddot{w}(x,t)\dot{\theta}(x,t)]\mathrm{d}x - aEI_\mathrm{b}\dot{w}(L,t)w'''(L,t) - a\eta EI_\mathrm{b}\dot{w}(L,t)\dot{w}'''(L,t) +$$

$$aGJ\dot{\theta}(L,t)\theta'(L,t) + a\eta GJ\dot{\theta}(L,t)\dot{\theta}'(L,t) + \left(\frac{a}{\sigma_1} + \frac{ax_ac}{\sigma_2}\right)LF_\mathrm{bmax}^2 +$$

$$\frac{(ak_1 + bk_2)w(L,t)\dot{w}(L,t)}{D^2 - w^2(L,t)} + \frac{(ak_3 + bk_4)\theta(L,t)\dot{\theta}(L,t)}{\phi^2 - \theta^2(L,t)} -$$

$$bEI_\mathrm{b}w(L,t)w'''(L,t) - bEI_\mathrm{b}\int_0^L[w''(x,t)]^2\mathrm{d}x - b\eta EI_\mathrm{b}w(L,t)\dot{w}'''(L,t) +$$

$$\frac{b\eta EI_\mathrm{b}}{\sigma_3}\int_0^L[w''(x,t)]^2\mathrm{d}x + b\eta EI_\mathrm{b}\sigma_3\int_0^L[\dot{w}''(x,t)]^2\mathrm{d}x + bGJ\theta'(L,t)\theta(L,t) -$$

$$bGJ\int_0^L[\theta'(x,t)]^2\mathrm{d}x + b\eta GJ\theta(L,t)\dot{\theta}'(L,t) + \frac{b\eta GJ}{\sigma_4}\int_0^L[\theta'(x,t)]^2\mathrm{d}x +$$

$$\sigma_4 b\eta GJ\int_0^L[\dot{\theta}'(x,t)]\mathrm{d}x + bm\int_0^L[\dot{w}(x,t)]^2\mathrm{d}x + bI_\mathrm{p}\int_0^L[\dot{\theta}(x,t)]^2\mathrm{d}x -$$

$$amx_ec\int_0^L[\dot{w}(x,t)\ddot{\theta}(x,t)+\ddot{w}(x,t)\dot{\theta}(x,t)]\mathrm{d}x+2bmx_ec\sigma_5\int_0^L[\dot{w}(x,t)]^2\mathrm{d}x+$$

$$\frac{2bmx_ec}{\sigma_5}\int_0^L[\dot{\theta}(x,t)]^2\mathrm{d}x+\sigma_6bL^4\int_0^L[w''(x,t)]^2\mathrm{d}x+\sigma_7bL^2x_ac\int_0^L[\theta'(x,t)]^2\mathrm{d}x+$$

$$\left(\frac{b}{\sigma_6}+\frac{bx_ac}{\sigma_7}\right)LF_{b\max}^2 \tag{6-25}$$

整理後可得：

$$\dot{V}(t)\leqslant-\left(\frac{a\eta EI_b}{2L^4}-\sigma_1a-bm-2bmx_ec\sigma_5\right)\int_0^L[\dot{w}(x,t)]^2\mathrm{d}x-\left(bEI_b-\frac{b\eta EI_b}{\sigma_3}-\right.$$

$$\left.\sigma_6bL^4\right)\int_0^L[w''(x,t)]^2\mathrm{d}x-\left(\frac{a\eta GJ}{2L^2}-\sigma_2ax_ac-bI_p-\frac{2bmx_ec}{\sigma_5}\right)\int_0^L[\dot{\theta}(x,t)]^2\mathrm{d}x-$$

$$\left(bGJ-\frac{b\eta GJ}{\sigma_4}-\sigma_7bL^2x_ac\right)\int_0^L[\theta'(x,t)]^2\mathrm{d}x-bk_1\ln\frac{D^2}{D^2-w^2(L,t)}-$$

$$bk_3\ln\frac{\phi^2}{\phi^2-\theta^2(L,t)}-\left(\frac{a\eta EI_b}{2}-b\eta EI_b\sigma_3\right)\int_0^L[\dot{w}''(x,t)]^2\mathrm{d}x-\left(\frac{a\eta GJ}{2}-\right.$$

$$\left.\sigma_4b\eta GJ\right)\int_0^L[\dot{\theta}'(x,t)]^2\mathrm{d}x-\frac{ak_2[\dot{w}(L,t)]^2}{D^2-w^2(L,t)}-\frac{ak_4[\dot{\theta}(L,t)]^2}{\phi^2-\theta^2(L,t)}+$$

$$\left(\frac{a}{\sigma_1}+\frac{ax_ac}{\sigma_2}+\frac{b}{\sigma_6}+\frac{bx_ac}{\sigma_7}\right)LF_{b\max}^2 \tag{6-26}$$

式中

$$\lambda_3=\min\left(\frac{\eta EI_b}{mL^4}-\frac{2\sigma_1}{m}-\frac{2b}{a}-\frac{4bx_ec\sigma_5}{a},\frac{2b}{a}-\frac{2b\eta}{a\sigma_3}-\frac{2\sigma_6bL^4}{aEI_b},\frac{2bk_1}{ak_1+bk_2},\right.$$

$$\left.\frac{\eta GJ}{L^2I_p}-\frac{2\sigma_2x_ac}{I_p}-\frac{2b}{a}-\frac{4bmx_ec}{aI_p\sigma_5},\frac{2b}{a}-\frac{2b\eta}{a\sigma_4}-\frac{2\sigma_7bL^2x_ac}{aGJ},\frac{2bk_3}{ak_3+bk_4}\right) \tag{6-27}$$

$$\varepsilon=\left(\frac{a}{\sigma_1}+\frac{ax_ac}{\sigma_2}+\frac{b}{\sigma_6}+\frac{bx_ac}{\sigma_7}\right)LF_{b\max}^2$$

以及需要同時滿足以下不等式：

$$\frac{a\eta EI_b}{2L^4}-\sigma_1a-bm-2bmx_ec\sigma_5>0 \tag{6-28}$$

$$bEI_b-\frac{b\eta EI_b}{\sigma_3}-\sigma_6bL^4>0 \tag{6-29}$$

$$\frac{a\eta GJ}{2L^2}-\sigma_2ax_ac-bI_p-\frac{2bmx_ec}{\sigma_5}>0 \tag{6-30}$$

$$bGJ-\frac{b\eta GJ}{\sigma_4}-\sigma_7bL^4x_ac>0 \tag{6-31}$$

$$\frac{a\eta EI_b}{2} - b\eta EI_b\sigma_3 > 0 \qquad (6\text{-}32)$$

$$\frac{a\eta GJ}{2} - \sigma_4 b\eta GJ > 0 \qquad (6\text{-}33)$$

結合引理 6.1 的結論，可以得到：

$$\dot{V}(t) \leqslant -\lambda V(t) + \varepsilon \qquad (6\text{-}34)$$

式中，$\lambda = \lambda_3/\lambda_1$。

在以上兩條引理的基礎上，運用李雅普諾夫直接法，可以進一步得到以下關於系統穩定性的定理。

定理 6.1：對於帶有輸出約束的柔性翼系統，若其初始狀態有界，施加式(6-1) 描述的邊界控制率，則有：

該閉環系統的輸出狀態量 $w(x,t)$ 是收斂的，其收斂集 Ω_1 為：

$$\Omega_1 = \left\{ w(x,t) \in R \,\middle\|\, w(x,t)| \leqslant \sqrt{\frac{2L^3}{\lambda_2 aEI_b}\left[V(0)e^{-\lambda t} + \frac{\varepsilon}{\lambda}\right]} \right.$$

$$\left. \forall (x,t) \in (0,L)[0,\infty) \right\} \qquad (6\text{-}35)$$

該閉環系統的輸出狀態量 $\theta(x,t)$ 是收斂的，其收斂集 Ω_2 為：

$$\Omega_2 = \left\{ \theta(x,t) \in R \,\middle\|\, \theta(x,t)| \leqslant \sqrt{\frac{2L}{\lambda_2 aGJ}\left[V(0)e^{-\lambda t} + \frac{\varepsilon}{\lambda}\right]} \right.$$

$$\left. \forall (x,t) \in (0,L)[0,\infty) \right\} \qquad (6\text{-}36)$$

證明：由引理 6.2 中的式(6-13) 可進一步得到：

$$\dot{V}(t)e^{\lambda t} \leqslant -\lambda V(t)e^{\lambda t} + \varepsilon e^{\lambda t} \qquad (6\text{-}37)$$

對式(6-37) 左右兩邊進行積分運算可得：

$$V(t) \leqslant \left[V(0) - \frac{\varepsilon}{\lambda}\right]e^{-\lambda t} + \frac{\varepsilon}{\lambda} \leqslant V(0)e^{-\lambda t} + \frac{\varepsilon}{\lambda} \qquad (6\text{-}38)$$

由此可知，上文中所構造的李雅普諾夫函數 $V(t)$ 是有界的，由式(6-33) 以及引理 2.2，可以得到：

$$\frac{aEI_b}{2L^3}[w(x,t)]^2 \leqslant \frac{aEI_b}{2L^2}\int_0^L [w'(x,t)]^2 \mathrm{d}x \leqslant \frac{aEI_b}{2}\int_0^L [w''(x,t)]^2 \mathrm{d}x \leqslant$$

$$v(t) \leqslant \frac{1}{\lambda_2}V(t) \qquad (6\text{-}39)$$

結合式(6-34)，能導出閉環系統的輸出狀態量 $w(x,t)$ 是有界的，其界值為：

$$|w(x,t)| \leqslant \sqrt{\frac{2L^3}{aEI_b\lambda_2}\left[V(0)e^{-\lambda t} + \frac{\varepsilon}{\lambda}\right]}, \forall (x,t) \in (0,L)[0,\infty)$$

$$(6\text{-}40)$$

同理可以得到：

$$|\theta(x,t)| \le \sqrt{\frac{2L}{\lambda_2 aGJ}\left[V(0)e^{-\lambda t}+\frac{\varepsilon}{\lambda}\right]}, \forall(x,t)\in(0,L)[0,\infty)$$

(6-41)

從式(6-39)和式(6-40)的表達形式上不難得出，當時間 $t \to \infty$ 時，透過選擇合適的參數，以上兩式中所描述的系統輸出狀態量將會收斂至 0 的較小鄰域範圍內。

為了抑制由外界擾動引起柔性翼的振動以及滿足二自由度輸出限制，設計了一組邊界控制器［式(6-1)］。組成邊界控制器的各個組成訊號也能直接透過傳感器檢測得到或者基於檢測到的訊號運用後向差分法得到。其中，柔性翼的端點位置位移輸出量 $w(L,t)$ 能夠由安裝在柔性翼端點位置的激光傳感器檢測得到；$\theta(L,t)$ 可以透過角度位移傳感器檢測得到。關於系統狀態量的一階時間導數可以運用後向差分算法基於檢測到的訊號計算得到，其中有一點需要指出，關於狀態量的二階、三階導數是實際應用工作中不希望得到的。

6.3 MATLAB 數值仿真

以上的論述部分從理論上嚴格證明了本書設計的邊界控制器能夠有效地抑制由外界環境擾動引起的柔性翼的振動在約束的範圍以內，以保證硬件結構有著優良的作用範圍，在這一小節中，運用有限差分法，以及透過選擇合適的系統參數和控制參數來對上文所設計的控制器做進一步的驗證。具體的系統參數在表 3-2 中詳細給出。

為了驗證所設計的帶有輸出約束的邊界控制器對於柔性翼振動抑制的有效性，對比分析不施加控制和施加控制兩種情況下的仿真結果。

在不施加控制情況下，研究由外界環境擾動引起的柔性翼振動情況，即 $U_1(t)=U_2(t)=0$。透過 MATLAB 仿真得到相關的幾個不施加控制的系統輸出狀態量的效果圖，如圖 6-2 和圖 6-3 所示。

從圖 6-2 可以看出，柔性撲翼飛行機器人柔性翼的撲動位移 $w(x,t)$ 最大位移達到 1.4m 左右，和柔性翼展長 2m 對比，這種柔性翼的振動是需要抑制的。從圖 6-3 看出，扭轉的位移量 $\theta(x,t)$ 最大值達到了 3rad，這種程度的溢出也不是控制器所能正常校正的。振動的幅度或者扭轉位移量太大對於硬件結構是一種損傷，對控制的精度也是一種挑戰，過大的偏移量會導致控制器輸出產生溢出問題。

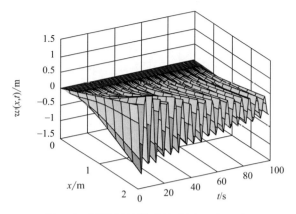

圖 6-2　柔性翼的撲動位移量 $w(x,t)$

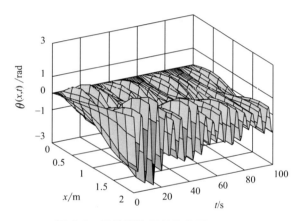

圖 6-3　柔性翼的扭轉位移量 $\theta(x,t)$

　　從不施加控制的仿真效果來看，需要一種帶有輸出約束的控制算法來解決輸出超限問題和保證硬件結構免於因輸出幅度過大造成機械損傷。根據本章提出的邊界控制器［式(6-1)］，設置撲動控制器 $U_1(t)$ 控制參數 $k_1=200$，$k_2=5$，扭轉控制器 $U_2(t)$ 控制參數 $k_3=40$，$k_4=0.01$。

　　圖 6-4 表明在施加控制器之後，柔性翼的振動收斂速度明顯加快，$w(x,t)$ 可以快速收斂到穩定位置，且整個柔性翼的振動過程中 $w(x,t)$ 始終保持在預設的控制範圍 D 以內，保證了仿生撲翼飛行機器人硬件結構的可靠性。圖 6-5 描述了扭轉位移在施加控制器之後不但能夠很好地抑制振動過程，而且能夠保證 $\theta(x,t)$ 能夠始終在限制範圍 φ 以內，保證扭轉控制器的有效工作。

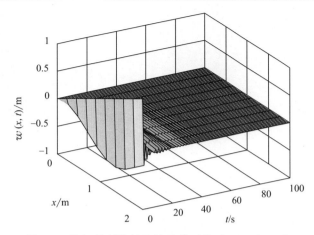

圖 6-4　施加控制後的柔性翼撲動位移量 $w(x,t)$

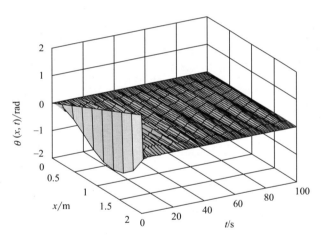

圖 6-5　施加控制後的柔性翼扭轉位移量 $\theta(x,t)$

　　為了更直觀地表明控制器的有效性，選取柔性翼尖端的撲動位移量 $w(L,t)$ 和扭轉位移量 $\theta(L,t)$ 的狀態量作為研究對象，從仿真結果來看，在干擾訊號 $F_b(x,t)$ 的作用下，設計的控制器能夠使柔性翼的撲動幅度和扭轉位移衰減到理想的範圍內，保證 $|w(L,t)| < D$ 和 $|\theta(L,t)| < \varphi$，使邊界輸出量控制在一定的範圍以內，從而保證控制效果如圖 6-6 和圖 6-7 所示。圖 6-8 中給出了控制器的輸入曲線圖，可以看出控制輸入隨柔性翼形變量實時變化，最終收斂到 0 附近，大幅抑制了柔性翼受到的分布式擾動的影響。

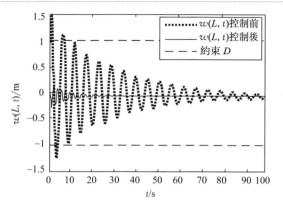

圖 6-6　控制前後末端撲動位移量 w（ L , t ）對比

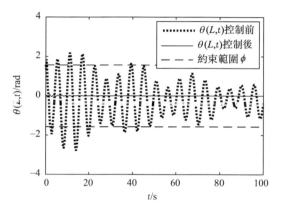

圖 6-7　控制前後末端撲動位移量 θ（ L , t ）對比

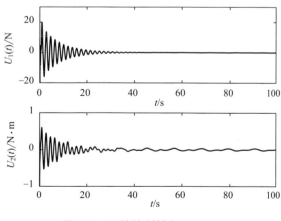

圖 6-8　系統控制輸入

6.4　本章小結

　　本章針對柔性撲翼結構在輸出約束條件下的振動抑制問題，提出了基於障礙項的李雅普諾夫函數的邊界控制律，使柔性翼能夠快速收斂到較小範圍，同時保證整個柔性翼的狀態變量在設定的有界範圍內，避免因溢出問題導致的機械損傷，並證明了設計的控制器可以保證系統的穩定性。

第7章
撲翼飛行機器人仿真平臺

　　目前比較主流的仿生撲翼飛行機器人的柔性翼多採用柔性材料來加工製造。由於柔性結構的動力學方程具有分布參數的特點，使得建立的數學模型相對複雜，這給驗證模型帶來了不小的挑戰。因此，透過仿真來驗證模型就顯得尤為重要。有關仿生撲翼飛行機器人的柔性翼設計是一個建立模型、仿真驗證、實驗驗證和修改模型的過程，為了避免重複工作，更好地進行仿真調試，分析實驗結果，設計一個仿真平台就顯得尤為必要。

　　文獻 [99] 利用 MATLAB 仿真平台採用網格插值的方法分析了歐拉方程描述的二自由度翼型撲翼和扭曲運動過程，俄勒岡州立大學 Warrick 等人[100] 透過 CFD 軟體仿真分析了蜂鳥飛行時上下衝程的對稱運動對氣動特性的影響。仿生撲翼飛行機器人整體結構的流體性能分析同樣離不開仿真驗證。文獻 [101] 給出了幾種不同翼型及俯仰角、飛行速度、撲動頻率等運動參數下的流場狀態，並分析了這些因素對撲翼飛行氣動特性的影響。本章基於 ADAMS、MATLAB 以及 XFlow 等多種仿真平台對比分析了 PD 控制和邊界控制器的控制效果，同時分析了不同撲動規律下撲翼飛行機器人升阻力特性，為第 10 章飛行實驗提供了理論基礎。

7.1 ADAMS 與 SIMULINK 的聯合仿真

　　本節主要採用的是離散化柔性體建模的方法建立柔性結構的模型，採用多剛體動力學理論建立系統動力學方程，進行系統動力學分析。本節將仿生撲翼飛行機器人的柔性翼看成是受到時變邊界擾動不帶負載的柔性梁模型，由於仿生撲翼飛行機器人的柔性翼的截面積相較於其長度來說足夠小，因此，可以用 Euler-Bernoulli 梁模型來進行近似。結合 SIMULINK 仿真軟體進行聯合仿真，在一定程度上模擬了柔性體振動控制的仿真過程，最終驗證了控制策略的有效性。

7.1.1 仿真平台功能介紹

(1) 基於 ADAMS 的 3D 半實物仿真平台

　　ADAMS 軟體[102,103] 是由美國 MDI 公司設計研發的一款用於進行系統動力學分析的動態仿真軟體。它在柔性結構的建模中有著突出的貢獻，其本身包含有離散化柔性體建模和有限元建模兩種柔性體建模方法，可以適應不同的用戶需求，滿足不同層次用戶的使用需求[104～107]。

（2）基於 MATLAB 的 GUI 界面

MATLAB 是一款常用的數值仿真分析軟體，同時，MATLAB 在 GUI 設計領域一樣有著強大的能力[108]，其設計的仿真平台能進行仿真參數的實時修改，並將仿真結果用半實物動畫的形式展示給用戶。同時，MATLAB 允許其與眾多其他的仿真分析軟體進行參數交換，便於進行聯合仿真[109~114]。仿真平台的 GUI 界面共分為四個部分，包括一個柔性梁模型的主界面以及三個調用子界面，四個界面的界面樣式如圖 7-1 所示。

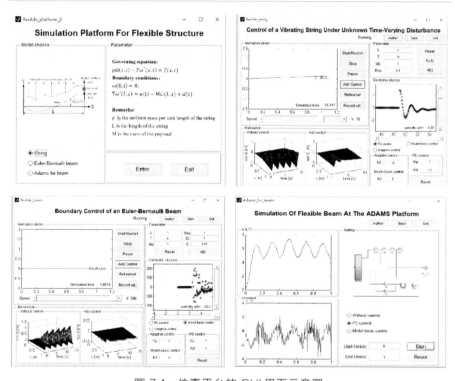

圖 7-1　仿真平台的 GUI 界面示意圖

① STRING 界面，用於調試和展示受到時變分布式擾動和邊界擾動的帶負載的柔性弦結構的 MATLAB 數值仿真。

控制對象的動力學方程為[73]：

$$f(x,t)+Tw''(x,t)-\rho\ddot{w}(x,t)=0 \qquad (7\text{-}1)$$

系統的邊界條件為：

$$w(0,t)=0 \qquad (7\text{-}2)$$

$$-M_S\ddot{w}(L,t)-Tw'(x,t)+d(t)+u(t)=0 \qquad (7\text{-}3)$$

② EULER_BERNOULLI_BEAM 界面，用於調試和展示受到時變邊界擾動的帶負載的 Euler-Bernoulli 梁結構的 MATLAB 數值仿真。

系統的動力學方程為[115,116]：

$$-\rho\ddot{w}(x,t)-EIw''''(x,t)+Tw''(x,t)=0 \tag{7-4}$$

系統的邊界條件為：

$$w(0,t)=0 \tag{7-5}$$

$$w'(0,t)=0 \tag{7-6}$$

$$w''(L,t)=0 \tag{7-7}$$

$$-M_S\ddot{w}(L,t)+EIw'''(L,t)-Tw'(L,t)+d(t)+u(t)=0 \tag{7-8}$$

③ ADAMS_FOR_BEAM 界面，用來調用受到時變邊界擾動的不帶負載的 Euler-Bernoulli 梁結構的 ADMAS 仿真。

（3）仿真實驗平台的主要功能

該平台的主要功能包括：仿真預演、仿真動畫展示、控制器數據導出和 ADMAS 仿真調用。

① 仿真預演。由於 STRING 界面和 FLEXIBLE_BEAM 這兩個界面的功能類似，這裡主要針對 STRING 界面的仿真預演來作說明。

將經過 MATLAB 有限差分處理過的關於振動量 $w(x,t)$ 的數值儲存在一個 $nx \times nt$ 大小的二維矩陣裡，其中 nx 是梁在空間上的分段數，nt 是仿真在時間上的分段數，仿真步長等於仿真總時間除以 nt。為了作圖的美觀，對 $w(x,t)$ 進行一定時間上的採樣，再將採樣後的 $w(x,t)$ 的圖像顯示在對應的區域即可。為了反映程序運行的狀態，在有限差分算法運行的過程中，添加一個狀態變量，該變量能夠反映程序運行的狀態，將該狀態量反饋給進度條加載程序，即可以實現對仿真預演進度的實時監測。為了加快程序的運行速率，不會每執行一次循環就將該狀態量與進度條加載程序進行一次數據交換，這裡設定每過進程的 10% 進行一次進度條狀態變量的數據讀取。當檢測到進度條加載窗口被提前關閉時，程序會自動跳出循環，並彈出警告對話框告知用戶加載被打斷。進度加載完畢後，進度條會自動關閉。

② 仿真動畫展示。由於 STRING 界面和 FLEXIBLE_BEAM 這兩個界面的功能類似，這裡主要針對 STRING 界面的仿真動畫展示來作說明。

仿真動畫展示部分和仿真預演部分雖然採用的算法相同，但仿真預演的仿真時間是固定的，只選取前 5s 的仿真結果，所以可以直接創建一個二維矩陣來儲存仿真數據，而仿真動畫展示部分的仿真時長是不確定的，是一個死循環的形式，用戶如果不中斷循環的執行，循環就將無限

制地執行下去，因此不能直接開闢儲存空間來儲存這些數據。為了解決這一問題，本章用三個一維矩陣來代替原來的二維矩陣，設當前時刻為 i，這三個一維矩陣分別表示：當前狀態量 $w_i(x)$，$i-1$ 時刻狀態量 $w_{i-1}(x)$，$i-2$ 時刻狀態量 $w_{i-2}(x)$，在循環的最後一段，需要將當前狀態量 $w_i(x)$ 賦值給上一時刻狀態量 $w_{i-1}(x)$，以完成循環中數據的傳遞。在動畫顯示的時候，只顯示當前狀態量即可，並不斷刷新界面，就可以完成仿真動畫的演示。按下 Stop 按鈕，仿真退出主循環來實現仿真動畫的停止；按下 Pause 按鈕，進入等待函數；按下 Continue 按鈕，退出等待函數來實現仿真動畫的暫停和繼續。

③ 控制器數據導出。由於 STRING 界面和 FLEXIBLE ＿ BEAM 這兩個界面的功能類似，這裡主要針對 STRING 界面的控制器數據導出來作說明。

創建一個 $n×2$ 維的矩陣，以及一個用以記錄行數的變量 i，每完成一次循環時，變量 i 自動加一，當按下 Restart 按鈕時，變量 i 置 0，當循環進行到第 i 次的時候，將仿真時長賦值給矩陣的第 i 行，第 1 列，將控制器的輸出值賦值給第 i 行，第 2 列，最後利用 xlswrite 函數將該矩陣中的值寫入 EXCEL 文件，並設置文件的名稱為當前時間。

④ ADMAS 仿真調用。本平台透過 ADAMS ＿ FOR ＿ BEAM 界面，完成對 ADMAS 仿真的調用。實際上，GUI 界面並不是直接調用的 AD-AMS 軟體，而是透過 SIMULINK 控制模塊來完成對 ADMAS 中的模型的調用。

將函數中的仿真開始時間、結束時間和仿真輸入輸出值全部設置為全局變量形式，方便不同界面對該值的調用。另外，在載入 ADAMS 模型的時候，需要在 MATLAB 命令行輸入模型的名稱，使 MATLAB 工作區載入 ADAMS 和 MATLAB 軟體之間通訊所設置的傳輸區參數，由於在 GUI 工作界面工作區無法直接讀取這些參數，所以程序將對應的 SIMULINK 讀取工作編寫進一個 M 文件，在 M 文件中讀取這些參數，再透過 GUI 調用這些 M 文件來實現 GUI 界面對 ADAMS 仿真的調用。其調用順序圖如圖 7-2 所示。

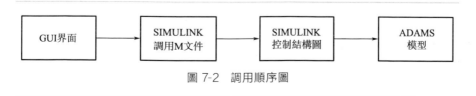

圖 7-2　調用順序圖

7.1.2　動力學仿真實例

本章中，設置梁的材料為普通鋼，具體仿真參數由表 7-1 給出。

表 7-1　ADAMS 仿真參數

參數	參數含義	參數值
L	梁的長度	500mm
ρ	材料體密度	$7.801 \times 10^{-6} \text{kg/mm}^3$
E	材料楊氏模量	$2.07 \times 10^5 \text{MPa}$
γ	材料蒲松比	0.29
M_S	末端負載的質量	0kg

創建一個剛性梁，再將該剛性梁等分為 50 小段多剛體，添加梁的起點處與大地間的約束為剛性約束，如圖 7-3 所示。在柔性梁的末端添加一個用於模擬擾動的力，設置該力的大小為 $0.001 \times [2 + \sin(10\pi t)]$N。

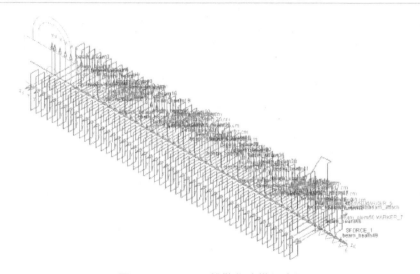

圖 7-3　ADAMS 離散化建模示意圖

根據系統的動力學方程，利用李雅普諾夫直接法，可以得到兩種控制器的控制器方程[117]，分別寫作：

（1）PD 控制

$$u(t) = -K_\text{p} w(L, t) - K_\text{D} \dot{w}(L, t) \tag{7-9}$$

（2）基於模型的控制

$$u(t) = -EIw'''(L, t) + Tw'(L, t) - ku_\text{a}(t) - \text{sgn}[u_\text{a}(t)]\bar{d} \tag{7-10}$$

　　由於 ADAMS 中可以獲取的只有末端的位移量、速度量和加速度量，因此 $\dot{w}(L,t)$、$w(L,t)$ 這兩個量可以直接獲取，而 $w'''(L,t)$、$w'(L,t)$ 這兩個量則需要進行一些簡單的擬合和處理。根據有限差分法，考慮到系統邊界條件，這兩個量可以在 ADAMS 中表達成如下形式：

$$w'''(L,t)=\frac{1}{10^3}\left(\begin{array}{l}-DY(\text{beam\_elem49. cm})\\+2\times DY(\text{beam\_elem48. cm})-DY(\text{beam\_elem47. cm})\end{array}\right)$$

$$(7\text{-}11)$$

$$w'(L,t)=\frac{1}{10}(DY(\text{beam\_elem50. cm})-DY(\text{beam\_elem49. cm}))$$

$$(7\text{-}12)$$

　　式中，函數 DY 表示該點投影在 Y 軸上的位置；beam _ elem47. cm 表示第 47 段小剛體的質心位置；其他的量以此類推。

　　其次，還要設置 ADAMS 與 MATLAB 進行的數據傳輸的參數，包括 1 個輸入量，即施加在梁的末端的力，該力的具體大小由 MATLAB 透過仿真運算給出；以及四個輸出量，即上文中提到的 $w'''(L,t)$、$w'(L,t)$、$\dot{w}(L,t)$、$w(L,t)$ 這四個量。設置好變量後，再進行傳輸區的設置，使得 MATLAB 和 ADAMS 之間可以進行仿真數據的交換。在 MATLAB 的 SIMULINK 中打開使用 ADAMS 所設計的仿真模型，如圖 7-4 所示。

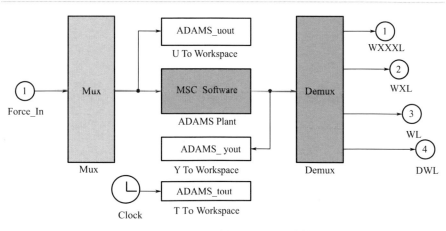

圖 7-4　SIMULINK 中的 ADAMS 功能組件

　　在不加任何控制效果的情況下啓動仿真，可以觀察到，在 ADAMS 中所建立的柔性梁結構在受到邊界擾動的情況下會在平衡位置上下微小

振動，振動頻率約為 3Hz，振動幅值約為 15mm，分別截取 t 為 0.280s、0.340s、0.435s、0.540s、0.575s、0.615s 時刻振動過程圖像，其仿真示意圖如圖 7-5 所示。

圖 7-5　ADAMS 中仿真運行動畫

梁的邊界處的振動幅值波形如圖 7-6 及圖 7-7 所示，對比可得 AD-AMS 中仿真所得到的仿真結果與 MATLAB 仿真所得到的仿真結果較為近似，MATLAB 得到的結果更偏向理論值，ADAMS 得到的結果更接近實際情況。

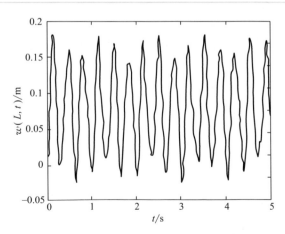

圖 7-6　梁的邊界振動在 ADAMS 仿真圖

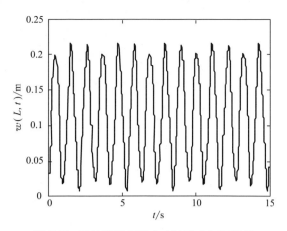

圖 7-7　梁的邊界振動在 MATLAB 仿真圖

根據 PD 控制器的控制器方程，在 SIMULINK 中設計一個 PD 控制的框圖，如圖 7-8 所示。

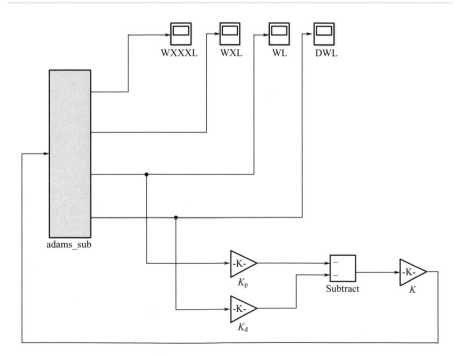

圖 7-8　梁的 PD 控制器在 SIMULINK 中結構圖

　　調節仿真參數 $K_p=5$，$K_d=2$，設置增益係數 $K=0.001$。仿真結果如圖 7-9 所示，從圖中可以得到，系統在經過一定時間的調節之後，趨於穩定，但梁結構仍然存在一定程度的彎曲，雖然一定程度上抑制住了梁的週期性振動，但卻與期望存在一定程度的偏差。這與圖 7-10 所示的使用有限差分方法進行仿真所得到的結果較為接近。

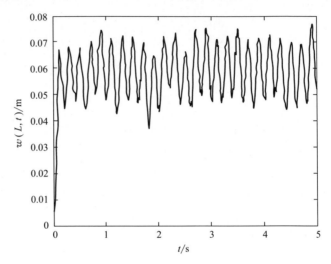

圖 7-9　梁的邊界振動在 PD 控制下 ADAMS 中的仿真圖

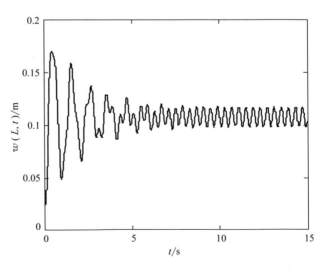

圖 7-10　梁的邊界振動在 PD 控制下有限差分的仿真圖

根據基於模型的邊界控制器的控制器方程，在 SIMULINK 中設計一個基於模型的控制框圖，如圖 7-11 所示。

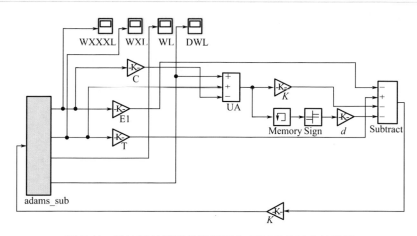

圖 7-11　梁的基於模型的控制器在 SIMULINK 中結構圖

調節仿真參數 $K=0.4$，設置增益係數 $k=0.001$。仿真結果如圖 7-12 所示，從圖中可以得知，控制效果並不十分理想，系統在經過一定時間的調節之後，趨於穩定，但梁結構仍然存在一定程度的彎曲，雖然一定程度上抑制住了梁的週期性振動，但卻與期望存在一定程度的偏差。使用有限差分方法進行仿真所得到的結果如圖 7-13 所示，可以看出兩種方法得到的結果存在較大的差異，接下來分析可能產生這種差異的原因。

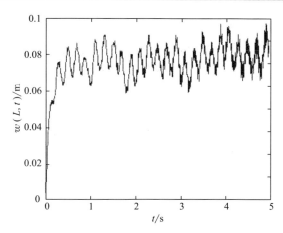

圖 7-12　梁的邊界振動在基於模型的控制下 ADAMS 中的仿真圖（$K=0.4$）

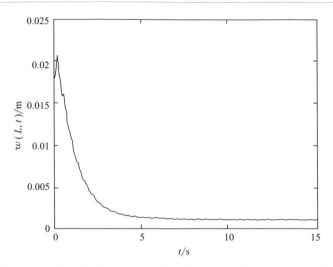

圖 7-13　梁的邊界振動在基於模型的控制下使用有限差分法的仿真圖

（1）系統參數的不合適

　　基於模型的控制器在控制器的模型中用到了 EI 和 T 這兩個系統參數，這兩個參數的具體含義分別是梁的剛度係數和梁的張力，而在 ADAMS 的仿真參數設置中，只能選擇材料的類型，可以得到的材料參數只有楊氏模量和蒲松比。楊氏模量與剛度係數的關係是，剛度係數等於楊氏模量乘以材料截面的慣性矩，這些是可以得到的，但梁的張力係數沒辦法準確得到，所以導致了基於模型控制器中的系統參數不準確。而且這兩項的影響將隨著時間的增加而越來越大，甚至在控制增益較大的情況下會導致系統的發散。增大控制器的增益係數，系統在短時間內的控制效果十分理想，振動控制在 0.04m 以下，但隨著時間的推移，系統在 0.8s 左右的時候產生了發散的情況，如圖 7-14 所示。

　　（2）$w'''(L,t)$、$w'(L,t)$ 這兩項的數值擬合不準確

　　由於這兩項在 ADAMS 中是不能直接得到的，需要結合有限差分的思想作一些近似處理，由於差分方法跟劃分網格的精度有直接關係，考慮到內存大小，不能處理太大的計算量，所以梁的分段間隔較大，導致的近似結果並不理想。PD 控制器中由於沒有用到 $w'''(L,t)$、$w'(L,t)$ 這兩個差分項，仿真效果較好，而基於模型的控制器中用到了這兩項，仿真的效果並不理想。

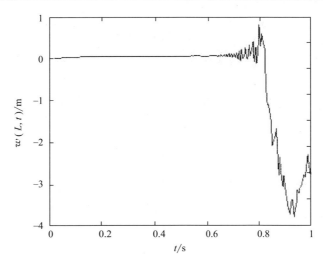

圖 7-14　梁的邊界振動在基於模型的控制下 ADAMS 中的仿真圖（ $K= 0.8$ ）

7.1.3　結果分析

　　透過對比 MATLAB 有限差分法的數值仿真和 ADAMS 與 SIMU-LINK 聯合仿真兩種不同的仿真方法可以得出，有限差分法能夠在一定程度上表示系統的動力學模型，得到與實際情況較為接近的控制效果，但其仿真結果與空間和時間網格劃分精度有關，如果網格數選取不合適，則會得到與理論不相符的仿真結果，有較大的局限性。ADAMS 與 SIM-ULINK 的聯合仿真對實際系統的還原度相比於有限差分的數值仿真更高，基於此仿真方法設計出的 PD 控制器，控制效果與有限差分法的數值仿真結果較為接近，由於沒有使用 $w'''(L,t)$、$w'(L,t)$ 這兩項，仿真結果更加可靠。

7.2　基於 XFlow 的空氣動力學仿真

7.2.1　XFlow 仿真軟體介紹

　　XFlow 是一款由 NextLimit 科技公司開發的新一代計算流體動力學 CFD 模擬軟體，專為在複雜幾何區域對包含變邊界、自由表面和流固耦

合等複雜問題提供有效的解決方案。XFlow 提供模擬仿真氣體和液體流動、熱量和質量轉移、移動體、多相物理學、聲學和流體結構作用的能力，它基於無網格、拉格朗日粒子法和大渦模擬技術，省去了割分網格的時間，能真實地分析複雜幾何和運動物體，大大提高流體計算效率和水準，具有界面簡單、省去網格割分、計算資源占用小、複雜運動邊界條件處理簡單、模擬精確等特點[118,119]。

採用 XFlow 對撲翼飛行機器人飛行過程中的空氣動力學參數進行模擬仿真，便於對飛行器的飛行機理進行研究分析，對仿生撲翼飛行機器人模型的改良具有重要意義。

7.2.2 撲翼拍動速度對升力影響的仿真分析

鳥類在飛行過程中，翅膀下拍速度較快，上拍速度較慢，即在一個撲動週期內，下拍時間小於上拍時間。為驗證這種撲動特點是否會使翅膀產生更大的升力，提高仿生撲翼飛行機器人的翅膀撲動效率，採用 XFlow 對撲翼的撲動過程進行仿真分析。

在 XFlow 中創建仿生撲翼飛行機器人雙翼模型，單翼尺寸為長×寬×厚：0.4m×0.15m×0.002m。建立虛擬風洞，尺寸為長×寬×高：3m×2m×1.5m。設置風洞內為標準大氣狀況，流體材料為空氣，其密度為 $1.225\mathrm{kg/m^3}$，溫度 288.15K，流速為 5m/s，流動方向為 z 軸負方向。

① 設置翅膀的受迫運動狀態為正弦函數，翅膀的撲動角度滿足函數：

$$\theta = A\sin\left(\frac{2\pi}{T}t\right) \tag{7-13}$$

即在一個撲動週期內，翅膀上拍和下拍頻率相同。設置撲動幅值為 60°，週期 T 為 0.2s，即頻率為 5Hz，俯仰角為 10°。透過 XFlow 對該運動狀態下翅膀的撲動進行仿真，可以得到翅膀在撲動過程中湍流強度、黏度、速度、靜壓、總壓等參數的動態過程，如圖 7-15 所示。

由於仿真數據存在一些尖峰和抖動，對其進行平滑濾波，得到翅膀受力狀態如圖 7-16 所示。

根據仿真數據可以得出，當翅膀按正弦規律撲動時，翅膀受力曲線相比撲動函數滯後約 1/4 週期，在第二個撲動週期內，翅膀所受的最大升力約為 8.738N，平均升力為 0.803N，翅膀所受最大阻力為 1.46N，平均阻力為 0.432N。

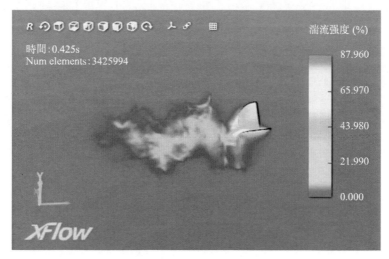

圖 7-15　XFlow 仿真

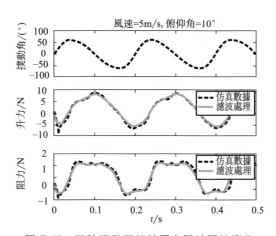

圖 7-16　正弦撲動下翅膀受力隨時間的變化

② 設置翅膀的受迫運動狀態在一個週期內滿足如下分段函數：

$$\theta = \begin{cases} 60\sin\left(\dfrac{2\pi}{1.2T}t\right), & 0 < t \leqslant 0.3T \\[2mm] 60\sin\left(\dfrac{2\pi}{0.8T}t - \dfrac{\pi}{4}\right), & 0.3T < t \leqslant 0.7T \\[2mm] 60\sin\left(\dfrac{2\pi}{1.2T}t + \dfrac{\pi}{3}\right), & 0.7T < t \leqslant T \end{cases} \tag{7-14}$$

　　即在一個撲動週期內，翅膀下拍時間小於上拍時間，下拍頻率與上拍頻率之比為 3∶2。保持其他參數不變，透過 XFlow 對該運動狀態下翅膀的撲動進行仿真，得到翅膀受力如圖 7-17 所示。

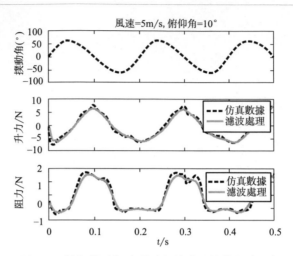

圖 7-17　變頻撲動翅膀受升力隨時間的變化（一）

　　根據仿真數據可以得出，在變頻運動狀態下，翅膀所受的最大升力約為 8.632N，平均升力約為 0.179N；翅膀所受的最大阻力約為 1.565N，平均阻力約為 0.321N。

　　③ 設置翅膀的受迫運動狀態在一個週期內滿足如下分段函數：

$$\theta = \begin{cases} 60\sin\left(\dfrac{2\pi}{0.8T}t\right), 0 < t \leqslant 0.2T \\[2mm] 60\sin\left(\dfrac{2\pi}{1.2T}t + \dfrac{\pi}{6}\right), 0.2T < t \leqslant 0.8T \\[2mm] 60\sin\left(\dfrac{2\pi}{0.8T}t - \dfrac{\pi}{2}\right), 0.8T < t \leqslant T \end{cases} \tag{7-15}$$

　　即在一個撲動週期內，翅膀下拍時間大於上拍時間，下拍頻率與上拍頻率之比為 2∶3。保持其他參數不變，透過 XFlow 對該運動狀態下翅膀的撲動進行仿真，得到翅膀受力如圖 7-18 所示。

　　根據仿真數據可以得出，在變頻運動狀態下，下拍時翅膀所受的最大升力約為 7.869N，平均升力約為 1.351N；翅膀所受的最大阻力約為 1.398N，平均阻力約為 0.537N。

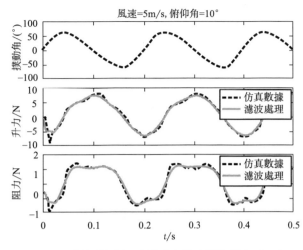

圖 7-18　變頻撲動翅膀受升力隨時間的變化（二）

7.2.3　結果分析

透過比較三種撲動狀態的仿真結果可以得出，選取飛行速度為 5m/s，俯仰角為 10°，當仿生撲翼飛行機器人上撲頻率大於下撲頻率時，翅膀所受平均升力增大，平均阻力也增大；當仿生撲翼飛行機器人上撲頻率小於下撲頻率時，翅膀所受平均升力減小，平均阻力也減小。因此，合適的撲動函數對於提升仿生撲翼飛行機器人飛行效率有重大作用，同時，也要考慮不同俯仰角對翅膀受力的影響，在第 10 章中，將會透過實驗的方式，進一步分析不同速度、俯仰角度對仿生撲翼飛行機器人自主起飛過程的影響。

7.3　本章小結

本章利用 MATLAB 進行 GUI 界面的設計，透過 GUI 界面完成仿真參數配置、仿真效果動畫演示、仿真數據導出等。對比分析了採用 PD 控制器和基於歐拉-伯努利梁模型的邊界控制器的控制效果。同時透過 SolidWorks 建立仿生撲翼飛行機器人機翼模型，導入 XFlow 進行空氣動力學仿真，對比了不同撲動函數下機翼的升力效果，為設計仿生撲翼飛行機器人驅動程序提供了借鑒。

第8章

仿生撲翼飛行
機器人的位姿
自主控制

近年來，仿生撲翼飛行機器人的先進控制技術取得了重大突破[120]。例如，X. Deng 團隊建立了基於果蠅和蜜蜂的動力學模型[121]，他們使用平均理論建立了高頻飛行昆蟲的升力模型。2012 年，他們還設計了針對仿生撲翼飛行機器人姿態控制的神經網路自適應控制器[75]。2016 年，Banazadeh 團隊提出了基於蜂鳥模型的位姿控制器[122]。由於位姿控制技術的進步，許多優秀的仿生撲翼飛行機器人應運而生[18]。2005 年，DARPA 資助研發仿生撲翼飛行器，到 2011 年，Nano Hummingbird 被研發出來，它是一個擁有視覺系統的撲翼飛行機器人，此飛行機器人在位姿控制技術、續航能力和機構設計等方面達到了當時世界的領先水準，但它仍然是遙控控制的。研究人員們的最終目標是使仿生撲翼飛行機器人自主獨立完成一些特定的任務。因此需要設計更優秀的控制器來實現這個終極目標[123~126]。

8.1 建模方法及動力學分析

仿生撲翼飛行機器人系統的動態模型複雜，很多模型參數需要獲取。然而，有些模型參數很難測得，即使可測得，也需要大量傳感器，難度不小，且影響控制精度。因此，需要設計可減小仿生撲翼飛行機器人對動態模型參數需求的控制器。由於神經網路能很好地近似許多種類的非線性函數，因此，可以使用神經網路控制方法控制微型撲翼飛行器[127~129]，實現仿生撲翼飛行機器人的姿態和位置軌跡跟蹤控制。

蜂鳥仿生撲翼飛行機器人的模型圖如圖 8-1 所示。

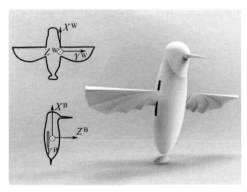

圖 8-1　蜂鳥仿生撲翼飛行機器人的模型圖

　　首先對仿生撲翼飛行機器人進行動力學分析，建立拉格朗日型數學模型[130]：

$$M(q)\ddot{q} + C(q,\dot{q})\dot{q} + G = R(q)u_c(t) + d(t) \tag{8-1}$$

式中，

$$q(t) = \begin{bmatrix} q_t(t) \\ q_r(t) \end{bmatrix} = \begin{bmatrix} x & y & z & \theta_1 & \theta_2 & \theta_3 \end{bmatrix}^T \tag{8-2}$$

式(8-2) 中的 $q_t(t)$ 和 $q_r(t)$ 分別表示慣性座標系中的位置變量和體座標系中的歐拉角。

$$M = \begin{bmatrix} M_t & 0 \\ 0 & M_r \end{bmatrix} \tag{8-3}$$

式(8-3) 中，M_t 表示質量矩陣，如式(8-4) 所示；M_r 表示慣性矩陣，如式(8-5) 所示。

$$M_t = \begin{bmatrix} m & 0 & 0 \\ 0 & m & 0 \\ 0 & 0 & m \end{bmatrix} \tag{8-4}$$

$$M_r = I_p T \tag{8-5}$$

$$C = \begin{bmatrix} \mathbf{0}_{3\times3} & \mathbf{0}_{3\times3} \\ \mathbf{0}_{3\times3} & C_r(t) \end{bmatrix} \tag{8-6}$$

式(8-6) 中的 $C_r(t) = I_p \dot{T}(t) + L(t)$，且矩陣 L 與 T 定義如下：

$$T\dot{q}_r I_p T\dot{q}_r = L\dot{q}_r \tag{8-7}$$

$$T = \begin{bmatrix} 1 & 0 & 0 \\ 0 & \cos(\theta_1) & \cos(\theta_2)\sin(\theta_1) \\ 0 & -\sin(\theta_1) & \cos(\theta_2)\cos(\theta_1) \end{bmatrix} \tag{8-8}$$

$$G = \begin{bmatrix} G_t \\ \mathbf{0}_{3\times1} \end{bmatrix} \tag{8-9}$$

式(8-9) 中的 G_t 表示重力向量，如式(8-10) 所示。

$$G_t = \begin{bmatrix} 0 \\ 0 \\ -mg \end{bmatrix} \tag{8-10}$$

$$R[q(t)] = \begin{bmatrix} R^{IB}[q_r(t)] & \mathbf{0}_{3\times3} \\ \mathbf{0}_{3\times3} & I_{3\times3} \end{bmatrix} \tag{8-11}$$

式中，$\boldsymbol{R}^{\mathrm{IB}}[\boldsymbol{q}_\mathrm{r}(t)]$表示旋轉矩陣，其形式如式(8-12) 所示。

$$\boldsymbol{R}^{\mathrm{IB}}(\boldsymbol{q}_\mathrm{r}(t)) = (\boldsymbol{R}^{\mathrm{BI}}(\boldsymbol{q}_\mathrm{r}(t)))^{-1} \tag{8-12}$$

$$\boldsymbol{R}^{\mathrm{IB}}[\boldsymbol{q}_\mathrm{r}(t)] = \begin{bmatrix} 1 & 0 & 0 \\ 0 & \cos\theta_1 & \sin\theta_1 \\ 0 & -\sin\theta_1 & \cos\theta_1 \end{bmatrix} \begin{bmatrix} \cos\theta_2 & 0 & -\sin\theta_2 \\ 0 & 1 & 0 \\ \sin\theta_2 & 0 & \cos\theta_2 \end{bmatrix} \begin{bmatrix} \cos\theta_3 & \sin\theta_3 & 0 \\ -\sin\theta_3 & \cos\theta_3 & 0 \\ 0 & 0 & 1 \end{bmatrix}$$

$$\tag{8-13}$$

$$\boldsymbol{u}_\mathrm{c}(t) = \begin{bmatrix} \boldsymbol{u}_\mathrm{t}(t) \\ \boldsymbol{u}_\mathrm{r}(t) \end{bmatrix} \tag{8-14}$$

式(8-14) 中 $\boldsymbol{u}_\mathrm{t}(t)$ 和 $\boldsymbol{u}_\mathrm{r}(t)$ 分別是位置和姿態控制器。

$$\boldsymbol{d}(t) = \begin{bmatrix} \boldsymbol{D}_\mathrm{t}(t) \\ \boldsymbol{D}_\mathrm{r}(t) \end{bmatrix} \tag{8-15}$$

式(8-15) 中 $\boldsymbol{D}_\mathrm{t}(t)$ 和 $\boldsymbol{D}_\mathrm{r}(t)$ 分別是位置控制和姿態控制的擾動量，這裡假設 $\boldsymbol{d}(t)$ 是有界的。

8.2　控制器設計

將上述拉格朗日型動力學模型分解成姿態與位置兩部分，並分別進行控制器設計。首先，基於姿態模型設計帶有擾動觀測器的姿態控制器，再基於此控制器，設計帶有擾動觀測器的神經網路全狀態反饋姿態控制器，以及神經網路輸出反饋姿態控制器。其次，基於位置模型，設計帶有擾動觀測器的位置控制器；最後，根據所述基於模型的姿態控制器、神經網路全狀態反饋姿態控制器、神經網路輸出反饋姿態控制器及基於模型的位置控制器，對所述仿生撲翼飛行機器人的姿態和位置進行軌跡跟蹤控制。

8.2.1　姿態控制

姿態控制模型表示為：

$$\boldsymbol{M}_\mathrm{r}(\boldsymbol{q}_\mathrm{r})\,\ddot{\boldsymbol{q}}_\mathrm{r} + \boldsymbol{C}_\mathrm{r}(\boldsymbol{q}_\mathrm{r},\dot{\boldsymbol{q}}_\mathrm{r})\,\dot{\boldsymbol{q}}_\mathrm{r} = \boldsymbol{u}_\mathrm{r} + \boldsymbol{D}_\mathrm{r} \tag{8-16}$$

式中，$\dot{\boldsymbol{q}}_\mathrm{r}$ 表示 $\boldsymbol{q}_\mathrm{r}(t)$ 對時間 t 的一階導數；$\ddot{\boldsymbol{q}}_\mathrm{r}$ 表示 $\boldsymbol{q}_\mathrm{r}(t)$ 對時間 t 的二階導數。

令

$$\boldsymbol{e}_\mathrm{r1} = \boldsymbol{x}_\mathrm{r1} - \boldsymbol{x}_\mathrm{r1d} \tag{8-17}$$

$$e_{r2} = x_{r2} - \alpha_{r1} \tag{8-18}$$

將式(8-17) 和式(8-18) 求導，得到：

$$\dot{e}_{r1} = \dot{x}_{r1} - \dot{x}_{r1d} = x_{r2} - \dot{x}_{r1d} = e_{r2} + \alpha_{r1} - \dot{x}_{r1d} = e_{r2} - A_{r1} \tag{8-19}$$

$$\dot{e}_{r2} = \dot{x}_{r2} - \dot{\alpha}_{r1} = M_r^{-1}(x_{r1})[u_r - C_r(x_{r1}, x_{r2})x_{r2} + D_r] - \dot{\alpha}_{r1} \tag{8-20}$$

由於 $\| \dot{D}_{ri}(t) \| \leqslant \beta_{ri}(i=1,2,3)$，為了設計一個非線性擾動觀測器來估計未知擾動 $D_r(t)$，引入一個輔助函數 e_{r3} 如下：

$$e_{r3} = D_r(t) - \Phi(e_{r2}) \tag{8-21}$$

式中，$\Phi(e_{r2})$ 是一個函數向量。為了方便實現，設 $\Phi(e_{r2})$ 為關於 e_{r2} 的一個線性函數。根據式(8-20) 和式(8-21)，得到 e_{r3} 的導數如下：

$$\dot{e}_{r3} = \dot{D}_r - K(e_{r2})M_r^{-1}(x_{r1})[u_r - C_r(x_{r1}, x_{r2})x_{r2} + D_r] + K(e_{r2})\dot{\alpha}_{r1} \tag{8-22}$$

式中，$K(e_{r2}) = \dfrac{\partial \Phi(e_{r2})}{\partial e_{r2}}$ 是一個常數參數。為了獲取 $\dot{\hat{D}}_r(t)$，引入 $\dot{\hat{e}}_{r3}$ 如式(8-23) 所示：

$$\dot{\hat{e}}_{r3} = -K(e_{r2})M_r^{-1}(x_{r1})[\tau_r - C_r(x_{r1}, x_{r2})x_{r2} + \hat{D}_r(t)] + K(e_{r2})\dot{\alpha}_{r1} \tag{8-23}$$

根據式(8-21)，得到擾動的估計值為：

$$\hat{D}_r(t) = \hat{e}_{r3} + \Phi(e_{r2}) \tag{8-24}$$

然後，能得到

$$\tilde{e}_{r3} = \hat{e}_{r3} - e_{r3} = \hat{D}_r - D_r = \tilde{D}_r \tag{8-25}$$

對 $\tilde{D}_r(t)$ 求導，得到：

$$\dot{\tilde{D}}_r = \dot{\tilde{e}}_{r3} = \dot{\hat{e}}_{r3} - \dot{e}_{r3} = -K(e_{r2})M_r^{-1}(x_{r1})\tilde{D}_r - \dot{D}_r \tag{8-26}$$

考慮以下李雅普諾夫函數 V_0：

$$V_0 = \frac{1}{2}e_{r1}^T e_{r1} + \frac{1}{2}e_{r2}^T M_r(x_{r1})e_{r2} + \frac{1}{2}\tilde{D}_r^T \tilde{D}_r \tag{8-27}$$

基於模型的帶有擾動觀測器的姿態控制器設計及參數定義如下：

$$u_{r0} = -e_{r1} - K_2 e_{r2} - \hat{D}_r(t) + C_r(x_{r1}, x_{r2})x_{r2} + M_r(x_{r1})\dot{\alpha}_{r1} \tag{8-28}$$

式中，u_{r0} 表示姿態控制器；$x_{r1} = q_r$；$x_{r2} = \dot{q}_r$；$x_{r1d}(t) = [\theta_{1d}(t), \theta_{2d}(t), \theta_{3d}(t)]^T$；$\theta_{1d}(t)$、$\theta_{2d}(t)$、$\theta_{3d}(t)$ 分別是體座標系中的三個歐拉角要跟蹤的期望角度；K_2 表示控制增益；e_{r1}、e_{r2} 表示狀態偏差；$\hat{D}_r(t)$ 表示系統對於姿態控制的擾動 $D_r(t)$ 的估計值；$\alpha_{r1} = \dot{x}_{r1d} - K_1 e_{r1}$ 表示對於姿態

控制下的虛擬速度跟蹤軌跡；$\dot{\alpha}_{r1}$ 為 α_{r1} 對時間 t 的一階導數；e_{r3} 為輔助函數；$\hat{e}_{r3}$ 為 e_{r3} 的估計值；$\Phi(e_{r2})$ 是關於 e_{r2} 的函數；$\dot{\hat{e}}_{r3}$ 為 $\hat{e}_{r3}$ 關於時間 t 的一階導數；$K(e_{r2})$ 為 $\Phi(e_{r2})$ 關於 e_{r2} 的導數；$M_r^{-1}(x_{r1})$ 表示 $M_r(x_{r1})$ 的逆矩陣。

將 V_0 對時間 t 進行求導，並將式(8-28)代入其中，可以得到：

$$\dot{V}_0 = -e_{r1}^T K_1 e_{r1} + e_{r1}^T e_{r2} + \frac{1}{2} e_{r2}^T \dot{M}_r(x_{r1}) e_{r2} +$$

$$e_{r2}^T [u_r - C_r(x_{r1}, x_{r2})x_{r2} + D_r - M_r(x_{r1})\dot{\alpha}_{r1}] + \tilde{D}_r^T \dot{\tilde{D}}_r$$

$$\leqslant -e_{r1}^T K_1 e_{r1} - e_{r2}^T \left[K_2 - \frac{1}{2}\dot{M}_r(x_{r1}) - \frac{1}{2}I \right] e_{r2}$$

$$-\tilde{D}_r^T [K(e_{r2})M_r^{-1}(x_{r1}) - I]\tilde{D}_r + \frac{1}{2}\beta_r^T \beta_r \tag{8-29}$$

進一步可得

$$\dot{V}_0 \leqslant -\rho_0 V_0 + C_0 \tag{8-30}$$

式中

$$\rho_0 = \min\left\{ 2\lambda_{\min}(K_1), \frac{2\lambda_{\min}\left[K_2 - \frac{1}{2}\dot{M}_r(x_{r1}) - \frac{1}{2}I\right]}{\lambda_{\max}[M_r(x_{r1})]}, \right.$$

$$\left. 2\lambda_{\min}[K(e_{r2})M_r^{-1}(x_{r1}) - I] \right\} \tag{8-31}$$

$$C_0 = \frac{1}{2}\beta_r^T \beta_r \tag{8-32}$$

為了保證 $\rho_0 > 0$，系統參數必須滿足以下條件：

$$\lambda_{\min}\left[K_2 - \frac{1}{2}\dot{M}_r(x_{r1}) - \frac{1}{2}I\right] > 0 \tag{8-33}$$

$$\lambda_{\min}[K(e_{r2})M_r^{-1}(x_{r1}) - I] > 0 \tag{8-34}$$

(1) 神經網路全狀態反饋控制器設計

根據之前結論，可得：

$$\dot{\hat{e}}_{r3} = -K(e_{r2})M_0^{-1}(x_{r1})[u_{r1} - C_0(x_{r1}, x_{r2})x_{r2} + \hat{D}_r(t)] \tag{8-35}$$

採用李雅普諾夫直接法，分析加入帶有擾動觀測器的神經網路全狀態反饋姿態控制器後，閉環系統的穩定性以及系統狀態的有界性，構造的李雅普諾夫函數表示為：

$$V_1 = \frac{1}{2} e_{r1}^T e_{r1} + \frac{1}{2} e_{r2}^T M_0(x_{r1}) e_{r2} + \frac{1}{2} \widetilde{D}_r(t)^T \widetilde{D}_r(t) + \frac{1}{2} \sum_{i=1}^n \widetilde{W}_i^T \boldsymbol{\Gamma}_i^{-1} \widetilde{W}_i$$

$$(8\text{-}36)$$

式中，V_1 表示構造的李雅普諾夫函數；$\widetilde{W}_i$ 表示神經網路的權重誤差；$\widetilde{W}_i^T$ 表示 $\widetilde{W}_i$ 的轉置；$\boldsymbol{\Gamma}_i^{-1}$ 表示預設的常數矩陣的逆矩陣 $(i=1, 2, 3, \cdots, n)$；$\widetilde{D}_r(t)$ 表示 $\hat{D}_r(t)$ 與 $D_r(t)$ 之間的誤差，$\widetilde{D}_r(t) = \hat{D}_r(t) - D_r(t)$；$e_{r1}^T$、$e_{r2}^T$、$\widetilde{D}_r^T(t)$ 分別表示 e_{r1}、e_{r2}、$\widetilde{D}_r(t)$ 的轉置。

設計神經網路全狀態反饋姿態控制器 u_{r1} 為：

$$u_{r1} = -e_{r1} - K_2 e_{r2} - \hat{D}_r(t) + C_0(x_{r1}, x_{r2}) \boldsymbol{\alpha}_{r1} + \hat{W}^T S(Z) \quad (8\text{-}37)$$

式中，$C_0(x_{r1}, x_{r2})$ 表示 $C_r(x_{r1}, x_{r2})$ 的虛擬部分；$\hat{W}$ 表示神經網路的權重估計值；$S(Z)$ 表示神經網路的激勵函數；Z 表示神經網路的輸入。

定義神經網路項如下：

$$W^{*T} S(Z) + \boldsymbol{\varepsilon}(Z) = \Delta C_r(x_{r1}, x_{r2}) x_{r2} + \Delta M_r(x_{r1}) \dot{e}_{r2} + M_r(x_{r1}) \dot{\boldsymbol{\alpha}}_{r1}$$

$$(8\text{-}38)$$

式中，$\Delta M(x_{r1}) = M_r(x_{r1}) - M_0(x_{r1})$；$\Delta C(x_{r1}, x_{r2}) = C_r(x_{r1}, x_{r2}) - C_0(x_{r1}, x_{r2})$。

接著設計自適應控制律如下：

$$\dot{\hat{W}}_i = -\boldsymbol{\Gamma}_i \left[S_i(Z) e_{r2i} + \sigma_i \hat{W}_i \right] \tag{8-39}$$

式中，$\sigma_i > 0 (i=1,2,3,\cdots,n)$，$\sigma_i$ 是很小的正常數。

將 V_1 對時間 t 進行求導，根據式(8-37) 和式(8-38)，可以得到：

$$\dot{V}_1 \leqslant -e_{r1}^T K_1 e_{r1} - e_{r2}^T K_2 e_{r2} - e_{r2}^T \widetilde{D}_r - \widetilde{D}_r^T \dot{D}_r - e_{r2}^T \boldsymbol{\varepsilon}(Z) -$$

$$\sum_{i=1}^n \widetilde{W}_i^T \sigma_i \hat{W}_i - \widetilde{D}_r^T K(e_{r2}) M_0^{-1}(x_{r1}) \left[W^{*T} S(Z) + \boldsymbol{\varepsilon}(Z) + \widetilde{D}_r \right]$$

$$(8\text{-}40)$$

式中，$M_0^{-1}(x_{r1})$ 為表示 $M_r(x_{r1})$ 虛擬部分的逆矩陣。

由神經網路激勵函數的有界性，可以得到 $\| S_i(Z) \| \leqslant s_i (i=1,2,3,\cdots,n)$，且 s_i 是一個正常數。根據反推法，設計一個正常數 ψ，使：

$$\dot{V}_1 \leqslant -e_{r1}^T K_1 e_{r1} - e_{r2}^T (K_2 - I) e_{r2} + \frac{1}{2}(1 + \psi) \| \bar{\boldsymbol{\varepsilon}} \|^2 + \frac{1}{2} \boldsymbol{\beta}_r^T \boldsymbol{\beta}_r +$$

$$\sum_{i=1}^n \frac{\sigma_i + \psi s_i^2}{2} \| W_i^* \|^2 - \widetilde{D}_r^T \left[K(e_{r2}) M_0^{-1}(x_{r1}) - \right.$$

$$\left(\frac{\parallel K(e_{r2})M_0^{-1}(x_{r1})\parallel^2}{\psi}+1\right)I\right]\widetilde{D}_r-\sum_{i=1}^{n}\frac{\sigma_i}{2}\parallel\widetilde{W}_i\parallel^2\leqslant-\rho_1V_1+C_1$$

$$(8\text{-}41)$$

式中，

$$\rho_1=\min\left\{2\lambda_{\min}(K_1),\frac{2\lambda_{\min}(K_2-I)}{\lambda_{\max}[M_r(x_{r1})]},2\lambda_{\min}\left[K(e_{r2})M_0^{-1}(x_{r1})-\right.\right.$$

$$\left.\left(\frac{\parallel K(e_{r2}M_0^{-1}(x_{r1}))\parallel^2}{\psi}+1\right)I\right],\min_{i=1,2,\cdots,n}\left(\frac{\sigma_i}{\Gamma_i^{-1}}\right)\right\}$$

$$(8\text{-}42)$$

$$C_1=\frac{1}{2}(1+\psi)\parallel\bar{\varepsilon}\parallel^2+\frac{1}{2}\beta_r^{\mathrm{T}}\beta_r+\sum_{i=1}^{n}\frac{\sigma_i+\psi s_i^2}{2}\parallel W_i^*\parallel^2\quad(8\text{-}43)$$

為了保證閉環系統的穩定，需要確保 $\rho_1>0$，系統參數必須滿足以下條件：

$$\lambda_{\min}(K_2-I)>0 \qquad\qquad (8\text{-}44)$$

$$\lambda_{\min}\left[K(e_{r2})M_0^{-1}(x_{r1})-\left(\frac{\parallel K(e_{r2})M_0^{-1}(x_{i1})\parallel^2}{\psi}+1\right)I\right]>0$$

$$(8\text{-}45)$$

根據以上分析，可以證明 e_{r1}、e_{r2}、$\widetilde{D}_r(t)$ 都是半全局最終一致有界，則加入所述帶有擾動觀測器的神經網路全狀態反饋姿態控制器後，閉環系統的系統狀態滿足有界性。證明過程如下。

證明 8.1[131]：將式(8-41) 的兩邊同時乘以 $e^{\rho_2 t}$，可以得到：

$$\frac{\mathrm{d}}{\mathrm{d}t}(V_1e^{\rho_1 t})\leqslant C_1e^{\rho_1 t} \qquad\qquad (8\text{-}46)$$

兩邊積分得到：

$$V_1\leqslant\left[V_1(0)-\frac{C_1}{\rho_1}\right]e^{-\rho_1 t}+\frac{C_1}{\rho_1} \qquad (8\text{-}47)$$

根據式(8-47) 可以得到：

$$V_1\leqslant V_1(0)+\frac{C_1}{\rho_1} \qquad\qquad (8\text{-}48)$$

$$\frac{1}{2}\parallel e_{r1}\parallel^2\leqslant V_1(0)+\frac{C_1}{\rho_1} \qquad\qquad (8\text{-}49)$$

至此已經證明 e_{r1} 的有界性。同理可以得到：

$$\frac{1}{2}\parallel e_{r2}\parallel\leqslant\frac{V_1(0)+\dfrac{C_1}{\rho_1}}{\lambda_{\min}[M_0(x_{r1})]}\qquad(8\text{-}50)$$

$$\frac{1}{2}\parallel\widetilde{D}_r(t)\parallel^2\leqslant V_1(0)+\frac{C_1}{\rho_1}\qquad(8\text{-}51)$$

證畢。

(2) 神經網路輸出反饋控制器設計

考慮引入輸出反饋控制器來控制撲翼飛行器的姿態。控制器基於 x_{r1} 已知而 x_{r2} 未知的前提下設計。因為 x_{r2} 不能直接被測量，設計一個高增益觀測器來估計 x_{r2}。

根據高增益觀測器的定義，x_{r2} 的估計值為 $\hat{x}_{r2}=\dfrac{\pi_2}{\varepsilon}$。進一步，可用 $\hat{e}_{r2}=\dfrac{\pi_2}{\varepsilon}-\alpha_{r1}$ 來估計 e_{r2}。式中，π_2 的動力學方程可描述為：

$$\varepsilon\dot{\pi}_1=\pi_2\qquad(8\text{-}52)$$

$$\varepsilon\dot{\pi}_2=-\bar{\lambda}_1\pi_2-\pi_1+x_{r1}\qquad(8\text{-}53)$$

$$\xi_2=\frac{\pi_2}{\varepsilon}-\dot{x}_{r1}=-\varepsilon\psi^{(2)}\qquad(8\text{-}54)$$

$$\widetilde{e}_{r2}=\hat{e}_{r2}-e_{r2}=\frac{\pi_2}{\varepsilon}-\alpha_{r1}-\dot{x}_{r1}+\alpha_{r1}=\xi_2\qquad(8\text{-}55)$$

設計輸出反饋控制器如下：

$$u_{r2}=-e_{r1}-K_2\hat{e}_{r2}-\hat{D}_r+C_0(x_{r1},\hat{x}_{r2})\alpha_{r1}+\hat{W}^T S(\hat{Z})\qquad(8\text{-}56)$$

自適應率為：

$$\dot{\hat{W}}_i=-\Gamma_i[S_i(\hat{Z})\hat{e}_{2i}+\sigma_i\hat{W}_i]\qquad(8\text{-}57)$$

帶有擾動觀測器的輸出反饋姿態控制器設計及參數定義如下：

$$\dot{\hat{e}}_{r3}=-K(\hat{e}_{r2})M_0(x_{r1})^{-1}[u_{r2}-C_0(x_{r1},\hat{x}_{r2})\hat{x}_{r2}+\hat{D}_r]\qquad(8\text{-}58)$$

採用李雅普諾夫直接法，分析加入帶有擾動觀測器的神經網路輸出反饋姿態控制器後，閉環系統的穩定性以及系統狀態的有界性，構造的李雅普諾夫函數為表示為：

$$V_2=\frac{1}{2}e_{r1}^T e_{r1}+\frac{1}{2}e_{r2}^T M_0(x_{r1})e_{r2}+\frac{1}{2}\widetilde{D}_r^T\widetilde{D}_r+\frac{1}{2}\sum_{i=1}^{n}\widetilde{W}_i^T\Gamma_i^{-1}\widetilde{W}_i$$

$$(8\text{-}59)$$

將 V_2 對時間 t 進行求導：

$$\dot{V}_2 \leqslant -e_{r1}^{T}K_1 e_{r1} + e_{r2}^{T}[-K_2 \hat{e}_{r2} - \widetilde{D}_r + C_0(x_{r1}, \hat{x}_{r2})\alpha_{r1} + \hat{W}^{T}S(\hat{Z}) -$$

$$C_0(x_{r1}, x_{r2})\alpha_{r1} - W^{*T}S(Z) - \varepsilon(Z)] + \widetilde{D}_r^{T}\dot{\widetilde{D}}_r + \sum_{i=1}^{n}\widetilde{W}_i^{T}\Gamma_i^{-1}\dot{\hat{W}}_i$$

$$(8\text{-}60)$$

將式(8-57) 代入到式(8-60) 中，可以得：

$$\dot{V}_2 \leqslant -e_{r1}^{T}(K_1 - c_2^2 I)e_{r1} - e_{r2}^{T}(K_2 - \frac{1}{2}I)e_{r2} + c_1^2 - e_{r2}^{T}K_2 \widetilde{e}_{r2} +$$

$$e_{r2}^{T}[-\widetilde{D}_r + \hat{W}^{T}S(\hat{Z}) - W^{*T}S(Z) - \varepsilon(Z)] + \widetilde{D}_r^{T}\{-\dot{D}_r - K(\hat{e}_{r2})M_0(x_{r1})^{-1}$$

$$[W^{*T}S(Z) + \varepsilon(Z) + \widetilde{D}_r]\} - \sum_{i=1}^{n}\widetilde{W}_i^{T}[S_i(\hat{Z})\hat{e}_{r2i} + \sigma_i \hat{W}_i] \quad (8\text{-}61)$$

由於

$$\hat{W}_i^{T}S_i(\hat{Z}) = W_i^{*T}(S_i(Z) + \varepsilon S_{ti}) + \widetilde{W}_i^{T}S_i(\hat{Z})$$

$$= W_i^{*T}S_i(Z) + W_i^{*T}\varepsilon S_{ti} + \widetilde{W}_i^{T}S_i(\hat{Z}) \quad (8\text{-}62)$$

且

$$\sum_{i=1}^{n}\widetilde{W}_i^{T}S_i(\hat{Z})\widetilde{e}_{r2i} \leqslant \sum_{i=1}^{n}\frac{\sigma_i \|\widetilde{W}_i^2\|}{4} + \sum_{i=1}^{n}\frac{\|S_i(\hat{Z})^2\|}{\sigma_i}\widetilde{e}_{r2}^{T}\widetilde{e}_{r2}$$

$$(8\text{-}63)$$

可得：

$$\dot{V}_2 \leqslant -e_{r1}^{T}(K_1 - c_2^2 I)e_{r1} - e_{r2}^{T}\left(K_2 - \frac{5}{2}I\right)e_{r2} + c_1^2 + \frac{1}{2}(1 + \psi_2)\|\bar{\varepsilon}^2\| -$$

$$\widetilde{D}_r^{T}\left[K(\hat{e}_{r2})M_0(x_{r1})^{-1} - \left(\frac{\|K(\hat{e}_{r2})M_0(x_{r1})^{-1}\|}{\psi_2} + 1\right)I\right]\widetilde{D}_r +$$

$$\sum_{i=1}^{n}\frac{\|W_i^{*2}\|}{2}(\varepsilon^2\|S_{ti}^2\| + \psi_2 s_i^2 + \sigma_i) + \frac{1}{2}\beta^2 - \sum_{i=1}^{n}\frac{\sigma_i \|\widetilde{W}_i^2\|}{4} +$$

$$\left(\|K_2^2\| + \sum_{i=1}^{n}\frac{2l_i}{\sigma_i}\right)\frac{1}{2}\varepsilon^2 h_2^2 \leqslant -\rho_2 V_2 + C_2 \quad (8\text{-}64)$$

式中

$$\rho_2 = \min\left\{2\lambda_{\min}(K_1 - c_2^2 I), \frac{2\lambda_{\min}\left(K_2 - \frac{5}{2}I\right)}{\lambda_{\max}[M_0(x_{r1})]}, 2\lambda_{\min}\left[K(\hat{e}_{r2})\right.\right.$$

$$M_0(x_{r1})^{-1} - \left(\frac{\| K(\hat{e}_{r2})M_0(x_{r1})^{-12} \|}{\psi_2} + 1 \right) I \right], \min_{i=1,2,3} \left(\frac{\sigma_i}{2\Gamma_i^{-1}} \right) \right\}$$

(8-65)

$$C_2 = c_1^2 + \frac{1}{2}(1+\psi_2) \| \bar{\varepsilon}^2 \| + \left(\| K_2^2 \| + \sum_{i=1}^n \frac{2l_i}{\sigma_i} \right) \frac{1}{2} \varepsilon^2 h_2^2 +$$

$$\sum_{i=1}^n \frac{\| W_i^{*2} \|}{2} (\varepsilon^2 \| S_{ti}^2 \| + \psi_2 s_i^2 + \sigma_i) + \frac{1}{2} \beta_r^T \beta_r \qquad (8-66)$$

$$\lambda_{\min}(K_1 - c_2^2 I) > 0, \lambda_{\min}\left(K_2 - \frac{5}{2}I \right) > 0, \lambda_{\min}\left[K(\hat{e}_{r2})M_0(x_{r1})^{-1} - \right.$$

$$\left. \left(\frac{\| K(\hat{e}_{r2})M_0(x_{r1})^{-12} \|}{\psi_2} + 1 \right) I \right] > 0 \qquad (8-67)$$

根據以上分析，同樣可以得到 e_{r1}、e_{r2}、$\widetilde{D}_r(t)$ 都是半全局最終一致有界，則加入所述帶有擾動觀測器的神經網路輸出反饋姿態控制器後，閉環系統的系統狀態滿足有界性。證明過程與證明 8.1 同理，此處忽略。

8.2.2 位置控制

位置控制模型表示為：

$$M_t \ddot{q}_t + G_t = R^{IB}[q_r(t)]\tau_t(t) + D_t(t) \qquad (8-68)$$

式中，$\ddot{q}_t$ 表示 $q_r(t)$ 對時間 t 的二階導數；$\tau_t(t)$ 表示位置控制器。

帶有擾動觀測器的基於模型的位置控制器設計為：

$$\tau_t = [R^{IB}(q_r)]^{-1}[-e_{t1} - K_4 e_{t2} - \hat{D}_t(t) + G_t + M_t \dot{\alpha}_{t1}] \qquad (8-69)$$

$$e_{t1} = x_{t1} - x_{t1d} \qquad (8-70)$$

$$e_{t2} = x_{t2} - \alpha_{t1} \qquad (8-71)$$

式中，$x_{t1} = q_t$；$x_{t2} = \dot{q}_t$；$x_{t1d}(t) = [x_d(t), y_d(t), z_d(t)]^T$；$x_d(t)$、$y_d(t)$、$z_d(t)$ 分別表示大地座標系 x、y、z 方向上要跟蹤的期望位置軌跡；e_{t1}、e_{t2} 表示位置偏差；K_4 表示控制增益；$\alpha_{t1} = \dot{x}_{t1d} - K_3 e_{t1}$ 表示對於位置控制下的虛擬速度跟蹤軌跡；$\dot{\alpha}_{t1}$ 為其對時間 t 的一階導數。

採用李雅普諾夫直接法，分析加入帶有擾動觀測器的基於模型的位置控制器後，閉環系統的穩定性以及系統狀態的有界性，構造的李雅普諾夫函數表示為：

$$V_3 = \frac{1}{2} e_{t1}^T e_{t1} + \frac{1}{2} e_{t2}^T M_t e_{t2} + \frac{1}{2} \widetilde{D}_t(t)^T \widetilde{D}_t(t) \qquad (8-72)$$

式中，V_3 表示構造的李雅普諾夫函數。

對李雅普諾夫函數 V_3 求導，可以得到：

$$\dot{V}_3 = -\boldsymbol{e}_{t1}^T \boldsymbol{K}_3 \boldsymbol{e}_{t1} - \boldsymbol{e}_{t2}^T \boldsymbol{K}_4 \boldsymbol{e}_{t2} - \boldsymbol{e}_{t2} \widetilde{\boldsymbol{D}}_t + \widetilde{\boldsymbol{D}}_t (-\boldsymbol{K}_d \boldsymbol{M}_t^{-1} \widetilde{\boldsymbol{D}}_t - \dot{\boldsymbol{D}}_t) \leqslant -\boldsymbol{e}_{t1}^T \boldsymbol{K}_3 \boldsymbol{e}_{t1} -$$
$$\boldsymbol{e}_{t2}^T (\boldsymbol{K}_4 - \frac{1}{2}\boldsymbol{I}) \boldsymbol{e}_{t2} - \widetilde{\boldsymbol{D}}_t^T (\boldsymbol{K}_d \boldsymbol{M}_t^{-1} - \boldsymbol{I}) \widetilde{\boldsymbol{D}}_t + \frac{1}{2} \boldsymbol{\beta}_t^T \boldsymbol{\beta}_t \leqslant -\rho_3 V_3 + C_3$$

$$(8\text{-}73)$$

式中

$$\rho_3 = \min \left\{ 2\boldsymbol{\lambda}_{\min}(\boldsymbol{K}_3), \frac{2\boldsymbol{\lambda}_{\min}\left(\boldsymbol{K}_4 - \frac{1}{2}\boldsymbol{I}\right)}{\boldsymbol{\lambda}_{\max}(\boldsymbol{M}_t)}, 2\boldsymbol{\lambda}_{\min}(\boldsymbol{K}_d \boldsymbol{M}_t^{-1} - \boldsymbol{I}) \right\} \quad (8\text{-}74)$$

$$C_3 = \frac{1}{2} \boldsymbol{\beta}_t^T \boldsymbol{\beta}_t \quad (8\text{-}75)$$

為了保證閉環系統的穩定，需要確保 $\rho_2 > 0$，系統參數必須滿足以下條件：

$$\boldsymbol{\lambda}_{\min}\left(\boldsymbol{K}_4 - \frac{1}{2}\boldsymbol{I}\right) > 0 \quad (8\text{-}76)$$

$$\boldsymbol{\lambda}_{\min}(\boldsymbol{K}_d \boldsymbol{M}_t^{-1} - \boldsymbol{I}) > 0 \quad (8\text{-}77)$$

根據以上分析，同樣可以得到 $\boldsymbol{e}_{t1}$、$\boldsymbol{e}_{t2}$ 以及 $\widetilde{\boldsymbol{D}}_t(t)$ 都是半全局最終一致有界，則加入所述帶有擾動觀測器的基於模型的位置控制器後，閉環系統的系統狀態滿足有界性。證明過程與證明 8.1 同理，此處忽略。

8.3 MATLAB 數值仿真

基於 MATLAB 平台進行數值仿真，驗證針對微型撲翼飛行機器人姿態和位置控制設計的帶有擾動觀測器的基於模型的姿態控制器、神經網路全狀態反饋姿態控制器及基於模型的位置控制器的控制效果，系統參數選取見表 8-1。

表 8-1　仿生撲翼飛行機器人參數表

參數	參數描述	參數值
m	仿生撲翼飛行機器人總質量	5.60g
I_{xx}	x 軸轉動慣量	575g · mm^2
I_{yy}	y 軸轉動慣量	576g · mm^2
I_{zz}	z 軸轉動慣量	991g · mm^2

對仿生撲翼飛行機器人的姿態和位置進行軌跡跟蹤控制，姿態追蹤軌跡選為

$$\begin{cases} \theta_{1d}=0.2\sin(2t) \\ \theta_{2d}=0.2\sin(2t) \\ \theta_{3d}=0.2\sin(2t) \end{cases}$$

，位置追蹤軌跡為

$$\begin{cases} x_d=\sin(\pi t) \\ y_d=\sin(\pi t) \\ z_d=\sin(\pi t) \end{cases}$$

，又假設姿態控制以及位置控制的干擾均為 $d_r(t)=d_t(t)=\begin{cases} 10\sin(t) \\ 10\sin(t) \\ 10\sin(t) \end{cases}$，狀態變量初值：$\boldsymbol{x}_{r1}(0)=[0.01,0.01,0.01]^T$，$\boldsymbol{x}_{r2}(0)=[0.01,0.01,0.01]^T$，$\boldsymbol{x}_{t1}(0)=[0.01,0.01,0.01]^T$，$\boldsymbol{x}_{t2}(0)=[0.01,0.01,0.01]^T$。

　　根據設計的帶有擾動觀測器的基於模型的姿態控制器，設計帶有擾動觀測器的神經網路全狀態反饋姿態控制器時，控制增益設定為：$K_{r1}=300I$，$K_{r2}=300I$，$K(e_{r2})=50I$，$K_{t3}=500I$，$K_{t4}=500I$，$K_d=10I$，$\sigma_1=0.02$，$\sigma_2=0.02$，$\sigma_3=0.02$，$\Gamma_1=100I$，$\Gamma_2=100I$，$\Gamma_3=100I$。

　　由圖 8-2 和圖 8-5 可知，這裡設計的帶有擾動觀測器的神經網路全狀態反饋姿態控制器和帶有擾動觀測器的基於模型的位置控制器能夠有效地對仿生撲翼飛行機器人的姿態和位置進行軌跡跟蹤控制。由圖 8-3 和圖 8-6 可知，神經網路全狀態反饋姿態控制和位置跟蹤控制的偏差在一個很小的範圍內，所設計的控制器對撲翼飛行機器人姿態和位置的軌跡跟蹤具有良好的控制效果。由圖 8-4 和圖 8-7 可知，神經網路全狀態反饋姿態控制器及基於模型的位置控制器的穩定輸出也能夠得到實現。

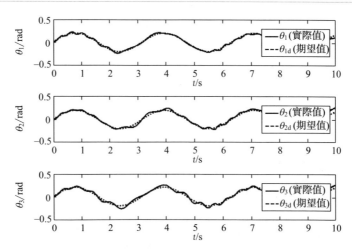

圖 8-2　全狀態反饋神經網路姿態控制器的期望值與實際值比較

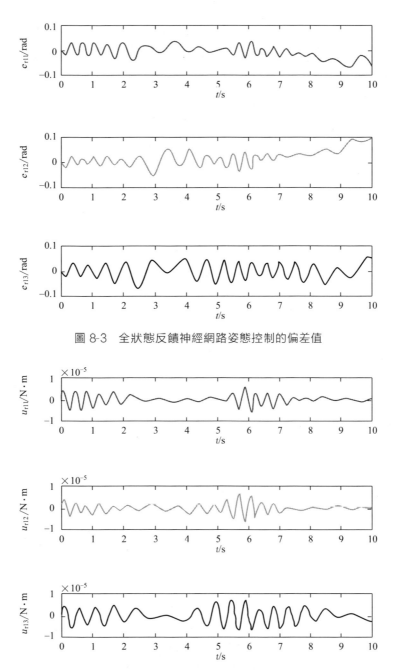

圖 8-3　全狀態反饋神經網路姿態控制的偏差值

圖 8-4　全狀態反饋神經網路姿態控制器的輸出

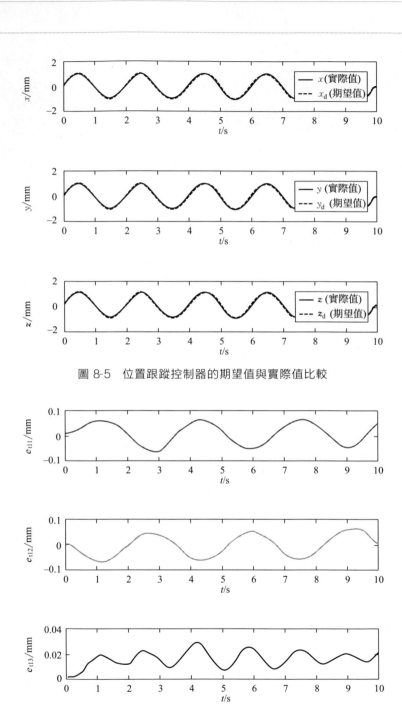

圖 8-5　位置跟蹤控制器的期望值與實際值比較

圖 8-6　位置跟蹤控制的偏差值

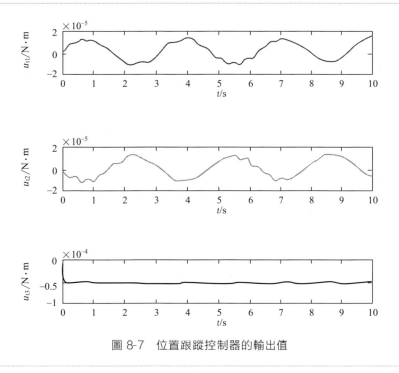

圖 8-7　位置跟蹤控制器的輸出值

　　由此可見，所設計的控制器能夠及時跟蹤所設定的位置軌跡，同時能夠跟蹤給定的姿態。跟蹤誤差保持在小範圍內，控制器輸出也保持穩定，控制效果良好。

　　帶有擾動觀測器的基於模型的姿態控制器和帶有擾動觀測器的神經網路輸出反饋姿態控制器的控制增益設定為：$K_{r1} = 500$，$K_{r2} = 400$，$K(e_{r2}) = 20$，$K_{t3} = 500$，$K_{t4} = 500$，$K_d = 5$，$\sigma_1 = 0.02$，$\sigma_2 = 0.02$，$o_3 = 0.02$，$\Gamma_1 = 100I$，$\Gamma_2 - 100I$，$\Gamma_3 = 100I$。

　　由圖 8-8 和圖 8-11 可知，本書中設計的帶有擾動觀測器的神經網路輸出反饋姿態控制器和帶有擾動觀測器的基於模型的位置控制器能夠有效地對仿生撲翼飛行機器人的姿態和位置進行軌跡跟蹤控制。由圖 8-9 和圖 8-12 可知，神經網路輸出反饋姿態控制和位置跟蹤控制的偏差在一個很小的範圍內，所設計的控制器對撲翼飛行機器人姿態和位置的軌跡跟蹤具有良好的控制效果。由圖 8-10 和圖 8-13 可知，神經網路輸出反饋姿態控制器及基於模型的位置控制器能實現控制目標。

　　由此可見，本書中設計的控制器能夠及時跟蹤設定的位置軌跡，同時能夠跟蹤給定的姿態，跟蹤誤差保持在小範圍內，控制器輸出也保持穩定，控制效果良好。

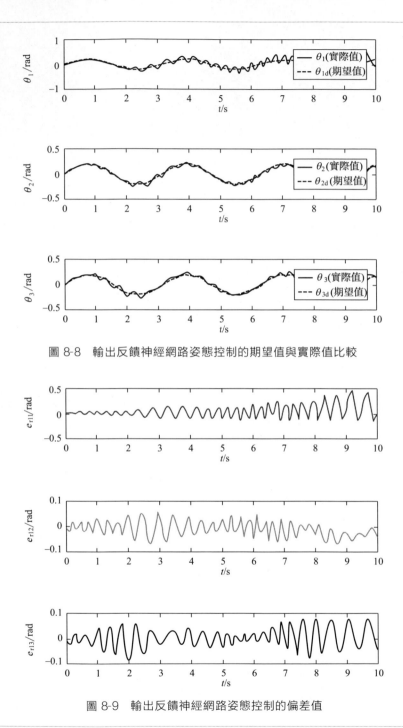

圖 8-8　輸出反饋神經網路姿態控制的期望值與實際值比較

圖 8-9　輸出反饋神經網路姿態控制的偏差值

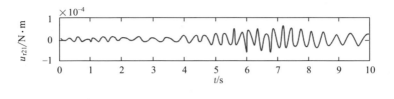

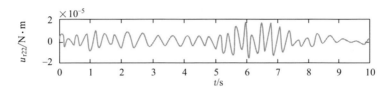

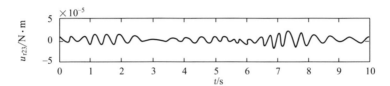

圖 8-10　輸出反饋神經網路姿態控制器的輸出

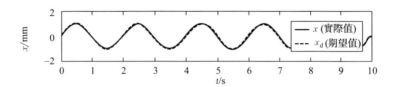

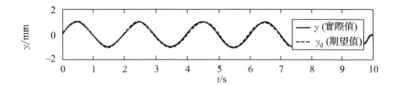

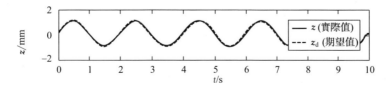

圖 8-11　位置跟蹤控制器的期望值與實際值比較

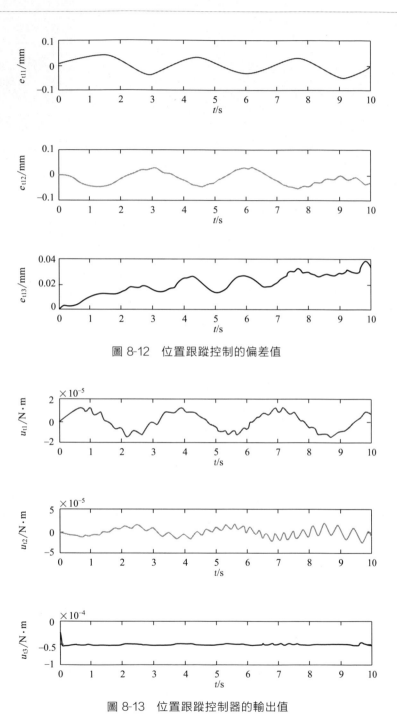

圖 8-12　位置跟蹤控制的偏差值

圖 8-13　位置跟蹤控制器的輸出值

8.4 本章小結

　　本章中，透過對所述仿生撲翼飛行機器人進行動力學分析，得到具有未知系統參數的拉格朗日型模型，且將其分解成姿態與位置兩部分，分開進行控制器設計。基於姿態模型設計了帶有擾動觀測器的基於模型的姿態控制器，然後基於該姿態控制器，設計了帶有擾動觀測器的神經網路全狀態反饋姿態控制器；其次，基於位置模型，設計了帶有擾動觀測器的基於模型的位置控制器，並透過構造李雅普諾夫函數證明了系統穩定性；最後，根據所述基於模型的姿態控制器、神經網路全狀態反饋姿態控制器及基於模型的位置控制器，對所述仿生撲翼飛行機器人的姿態和位置進行了軌跡跟蹤控制。

　　在未來的研究中，可以開發一個特定機翼的 CFD 模型，來減少氣動係數的不確定性，以獲得更準確的升力和阻力係數。透過這種方式，可由一組特定的空氣動力學係數推導出仿生撲翼飛行機器人最佳幾何形狀和機翼運動模式。同時，在人工神經網路中加入模糊優化規則，可以得到最優的運動學軌跡。將神經網路與自適應控制器相結合，產生適當的控制訊號，進一步優化仿生撲翼飛行機器人飛行模式。

第9章

仿生撲翼飛行
機器人軟硬件
設計及架構

　　仿生撲翼飛行機器人在機體結構和軟硬件設計方面呈現多樣化趨勢，雖然它們的結構外形不同，但都具有相似的軟硬件結構，能夠實現數據通訊、遠程遙控等功能，其中一些還能實現視覺避障、自主導航以及垂直起降等高級任務。這些功能的實現，都離不開硬件結構和軟體系統的相互配合。

　　仿生撲翼飛行機器人系統由在空中飛行的仿生撲翼飛行機器人機體和地面站軟體系統組成。仿生撲翼飛行機器人負責完成飛行中的監控和作業任務，地面站軟體系統是監控資訊的承載中心，是無人機系統的重要組成部分，主要完成數據的接收、處理和可視化[132] 工作，由地面無線通訊設備、電腦終端以及監控設備組成。仿生撲翼機器人機體與地面站相互配合，實現任務的有效完成。圖 9-1 為仿生撲翼飛行機器人系統工作示意圖。

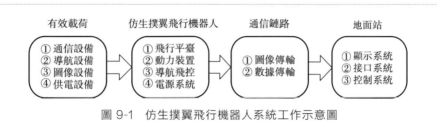

圖 9-1　仿生撲翼飛行機器人系統工作示意圖

9.1 硬件系統設計與構建

　　目前仿生撲翼飛行機器人大多數是以電動機帶動齒輪組實現翅膀撲動，透過舵機控制尾翼實現轉向。這種結構實現較為複雜，需要多種齒輪，還需要齒輪與翅膀的連接桿。在控制方面，對於升力和推力的改變只能透過控制電機的轉速來實現，可控量較少。此外，齒輪組的設計與加工是一個繁複的工作，一旦需求變更就需要更改參數重新展開計算與加工。

　　電動機與齒輪組的驅動方式使得仿生撲翼飛行機器人只能改變撲動頻率而不能改變撲動幅度，也不能改變撲動平面與水平面的夾角，其轉向只能透過尾翼進行。而採用雙舵機拍動翅膀的結構，能夠獨立控制兩個翅膀的撲動頻率和撲動幅度，還可以傾斜撲動平面與水平面的夾角。因此可以實現多種飛行方式。

　　本書使用舵機替代電動機和齒輪組的驅動方式，充分發揮舵機數位

化的特點。舵機是一種由脈寬調制（PWM）訊號的脈衝寬度控制輸出齒輪旋轉到指定角度並保持該角度的執行器。電動機驅動方式需要控制電壓來調節撲動頻率，舵機驅動方式基於一個 20ms 的 PWM 訊號，透過控制脈衝寬度（占空比）來調節撲動角度，因此需要設計相應的舵機控制電路和控制程序。

針對舵機驅動這種機制，我們設計了一款專門驅動舵機的飛行控制板，具有輸出和捕獲 PWM 訊號的高電平寬度和電平轉換的功能，根據簡化的鳥類翅膀撲動數學模型編寫了用於驅動舵機的控制程序，根據接收到的訊號可以分別改變兩翼撲動的幅值、頻率和平衡位置。

綜上所述，使用舵機驅動的方式使系統的控制量增多，控制算法可以利用更多的控制量。由於要不斷給舵機發出期望訊號，系統成為一個隨動控制系統。並且，採用舵機能夠對仿生撲翼飛行機器人的兩個機翼進行分別控制，可以實現更多飛行模式[133]。

9.1.1 機械結構及外觀設計

仿生撲翼飛行機器人的設計需要空氣動力學、機械設計、傳感器技術與應用、微機電系統（MEMS）等學科與技術的結合[134]。雖然對鳥類生理結構的研究為仿生撲翼飛行機器人的尺寸和翼型設計提供了幫助[135]，然而，目前研究人員還未充分掌握鳥類和昆蟲的飛行機理，現有的成果不足以設計出高效、高機動的仿生撲翼飛行機器人，對於仿鳥撲翼飛行機器人的機構設計還有待進一步提高。

機械設計是搭建仿生撲翼飛行機器人的重點與難點，撲翼飛行機器人的機械結構決定了能否起飛及可操作性。本章將從機身設計、尾翼設計以及機翼設計三個方面展開介紹。

（1）機身設計方案

仿生撲翼飛行機器人的機身（Fuselage）用於固定舵機、翅膀、尾翼、電池和飛控板，使它們在飛行時不會因為翅膀的撲動而脫落或者移位。由於仿生撲翼飛行機器人的負載有限，因此機身應當採用輕質材料，從而留出其他零件的安裝餘量。

由於巴沙木具有密度低、質量輕的特點，且表面積較大，可用於固定舵機，因此在最初的設計方案中採用巴沙木作為機身。但是，在安裝舵機、翅膀及尾翼時，為保證安裝過程中各個零件的連接足夠牢固，需要使用足夠厚的巴沙木，導致所用巴沙木體積過大，僅機身的質量就超過了 25g，使得舵機驅動的仿生撲翼飛行機器人難以產生充足的升力。

　　經過多次測試與實驗，我們採用碳纖維桿作為機身的主體。為確保舵機及尾翼等部件能夠與機身保持穩固連接，利用 3D 建模軟體設計結構參數，並採用 3D 列印技術製作舵機及尾翼的安裝架，實現舵機和機身碳纖維桿與安裝架的穩固連接，確保了舵機驅動的撲翼飛行機器人結構的穩定。

　　對於機身碳纖維桿的選擇，我們設計了以下兩種方案：①採用直徑 3mm 的圓柱形碳桿；②採用橫截面為 3mm×3mm 的方形碳桿，如圖 9-2 所示。為了得到更好的實驗效果，需要對這兩種方案中機身碳桿的抗彎剛度進行對比。機身碳桿抗彎剛度越大，其彎曲形變越小，機身結構越穩定。

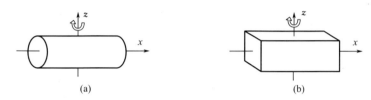

圖 9-2　兩種安裝方案的轉動方向示意圖

　　物體抵抗其彎曲變形的能力稱為抗彎剛度，公式為：

$$抗彎剛度＝EI \tag{9-1}$$

　　式中，E 為材料的楊氏模量；I 為物體的轉動慣量。

　　由於兩種設計方案的材料均為碳纖維，其楊氏模量 E 都是相同的，因此對圓形碳桿和方形碳桿的轉動慣量進行計算並比較。

　　按圖 9-2 所示的轉動方向與轉動軸可知：

$$J = \int r^2 \, \mathrm{d}m \tag{9-2}$$

　　式中，J 為剛體轉動慣量；$\mathrm{d}m$ 為單元的質量；r 為該單元到轉軸的距離，即旋轉半徑。

　　由於碳桿的密度都相同，將其密度用 ρ 表示，可列出兩種設計方案中轉動慣量表達式。

　　圖 9-2(a) 中圓柱的轉動慣量為：

$$J_{圓} = \frac{\frac{\pi}{4}\rho a^2 L}{12}\left(\frac{3}{4}a^2 + L^2\right) \tag{9-3}$$

　　圖 9-2(b) 中長方體的轉動慣量為：

$$J_{方} = \frac{\rho a^2 L}{12}(a^2 + L^2) \tag{9-4}$$

式中，L 是剛體的長度；a 是圓柱的直徑或長方體的底面稜長。

對比可得，相同尺寸的方形碳桿比圓形碳桿轉動慣量大，抗彎剛度也大。因此本書採用方形碳桿作為機身骨架，同時增加兩側筋板提高零件穩固性，如圖 9-3 所示。使用舵機安裝支架將兩個舵機和機身連接，舵機支架左右兩側設計有對稱的左舵機安裝孔 A 和 B 以及右舵機安裝孔 A′和 B′，左右舵機分別透過安裝孔固定在舵機安裝支架上，同時，舵機安裝支架上的碳桿插孔 C 可以安裝機身碳纖維桿及尾翼裝置，連接組成一個整體。

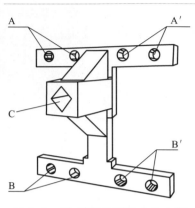

圖 9-3　3D 列印的舵機安裝支架

在設計仿生撲翼飛行機器人機翼與舵機的連接結構中，採用了舵機臂和 3D 列印件。舵機臂用於連接舵機輸出齒輪與機翼骨架，是將機翼的上下撲動運動與舵機輸出齒輪的旋轉運動剛性連接在一起的機械裝置，一般由塑料制成，結構如圖 9-4 所示。

由於舵機臂的臂長為 $1\sim2$cm，機翼展向碳桿與舵機臂接觸面積過小，機翼骨架容易從舵機臂上脫落。為了解決翅膀與舵機臂的連接問題，我們設計並製作了一款舵機臂連接器。舵機臂連接器用於連接舵機臂與機翼展向碳桿，一端連接舵機臂，一端為一個細孔，用於與機翼展向方形碳桿的連接，其外形如圖 9-5 所示。並且，舵機臂連接器採用 3D 列印技術製造。

圖 9-4　單臂舵機臂

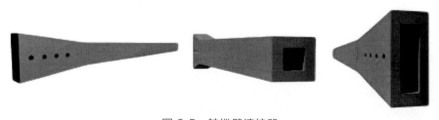

圖 9-5　舵機臂連接器

在製作 3D 列印件的過程中，需要注意的是，3D 列印技術存在 45°角

原則，即列印物體的任何表面與重力方向軸線的夾角都不能超過 45°，如圖 9-6 所示。當存在超過 45°的部分時，在實際列印中如果不加支撐，3D列印材料細絲就會墜落，導致 3D 列印件報廢。而 3D 列印的舵機臂連接器的細孔和舵機臂插槽均為 90°的直角，因此在列印的時候會導致 PLA細絲墜落，堵塞細孔和插槽，導致列印件報廢。

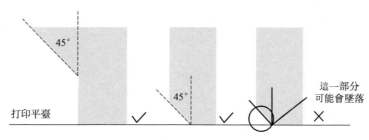

圖 9-6　3D 列印的 45° 角原則

　　為了解決這一問題，將 3D 列印的舵機臂連接器分為對稱的兩部分，分別列印之後再進行粘連，如圖 9-7 所示。採用這種方法，3D 列印件中沒有出現超過 45°的情況，有效解決了舵機臂連接器安裝細孔與插槽在列印過程中堵塞的問題。

（2）尾翼設計方案

　　尾翼作為氣流的穩定面，對仿生撲翼飛行機器人飛行及滑翔的姿態有很大影響，因此尾翼的形狀和結構也是設計仿生撲翼飛行機器人的重要環節。經過滑翔飛行實驗發現，尾翼向上抬時，仿生撲翼飛行機器人會有一個正的攻角；而尾翼朝下時，仿生撲翼飛行機器人會向下俯衝，甚至直接栽落；尾翼保持水平時，仿

圖 9-7　3D 列印舵機臂連接器

生撲翼飛行機器人的姿態由其重心的位置決定。由於透過尾翼調整仿生撲翼飛行機器人飛行姿態的具體機理目前尚不明確，僅透過實驗總結出了經驗性的結果，因此，為了保證仿生撲翼飛行機器人在飛行時具有正的攻角，尾翼應當向上抬，尾翼面積應當盡量大，尾翼與機身的連接應當盡量穩固，避免尾翼側面受力傾斜，影響其飛行穩定性。

下面對 3 種典型尾翼結構進行介紹。

① 仿固定翼飛行器的尾翼　這一類型尾翼借鑒了固定翼飛行器的尾翼結構，設計了水平尾翼和垂直尾翼結合的仿生撲翼飛行機器人尾翼，如圖 9-8 所示。

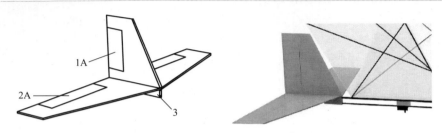

圖 9-8　仿固定翼飛行器的尾翼結構示意圖

該尾翼的優點在於可控量多，能夠分別透過垂直尾翼 1A 控制仿生撲翼飛行機器人的偏航角以及透過水平尾翼 2A 控制仿生撲翼飛行機器人的俯仰角和翻滾角，透過尾翼結構 3 和機身碳桿連接在一起，使得仿生撲翼飛行機器人飛行姿態的控制可以借鑒固定翼飛行器的控制方法。

其缺點在於尾翼至少需要 2 個舵機來分別控制俯仰和轉向，仿生撲翼飛行機器人的總質量至少增加 10g 以上，且質量增加在仿生撲翼飛行機器人靠近尾部的位置，導致飛行機器人重心後移，增加了飛行機器人重心調整的難度。同時，為了減輕尾翼本身的質量，需要減小用於製作垂直尾翼和水平尾翼的 KT 板材料的厚度或碳桿的直徑，而厚度較小的 KT 板很容易彎曲，導致在飛行中垂直尾翼很容易受風影響，導致偏航。

② 舵機控制俯仰的仿鳥尾翼　參考 Slowhawk 撲翼飛行機器人設計仿生撲翼飛行機器的仿鳥尾翼，如圖 9-9 所示，其形狀如扇形，使用碳桿作為尾翼骨架，$45\mu m$ 的氯化聚乙烯（CPE）薄膜作為翼面，是一種平面尾翼。這種結構的尾翼雖然質量較重（4～5g），但是翼面積大，易於製作。

在仿鳥尾翼的基礎上，使用舵機對其俯仰角進行控制，

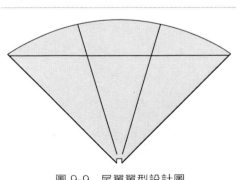

圖 9-9　尾翼翼型設計圖

如圖 9-10 所示。為了簡化機械結構，減小仿生撲翼飛行機器人的質量，可將尾翼透過連接件 1 與舵機臂進行連接，依靠舵機臂的旋轉帶動尾翼的俯仰旋轉，連接件 2 右端與機身碳桿固定連接在一起，左端與連接件 1 形成旋轉副。由於該方案需要在舵機輸出齒輪反方向的一面加軸固定尾翼的另一端，可採用球頭連桿與尾翼 3D 列印件連接舵機臂和尾翼，這樣尾翼就可以隨著舵機臂的旋轉進行俯仰擺動。

圖 9-10　角度可調尾翼結構示意圖

這種尾翼的缺點是尾翼控制所需舵機產生的力矩較大。由於尾翼只連接在距離舵機輸出齒輪 0.5cm 的地方，而尾翼整個平面的中心距離此連接點有 8cm，因此舵機帶動尾翼是一個費力槓桿。如果尾翼在飛行途中受到風的擾動，尾翼與空氣的相對運動也會對翼面產生很大的壓力。試飛實驗結果表明，這種舵機控制俯仰的尾翼在飛行多次後，因承受不住 3～4 級風的壓力，舵機內部的塑料減速齒輪破碎，導致舵機損壞，因此這種結構並不適合對尾翼進行控制。

③ 固定俯仰角的仿鳥尾翼　由於固定翼尾翼方案和用舵機控制的仿鳥尾翼的方案效果都不理想，因此，我們採用一種固定俯仰角度的仿鳥尾翼。如圖 9-11 所示，連接件 1 中有「凸」字形安裝孔，可與連接件 2 左端緊密配合在一起，使得尾翼的俯仰角度保持穩定，連接件 2 右端與機身碳桿固定連接在一起。連接件 2 卡槽角度可根據實驗效果進行調整，針對本書所述樣機，我們採用 15°尾翼俯仰角的參數。

尾翼安裝的零件由 3D 列印機製作，採用 PLA 材料，列印精度為 0.2mm，填充密度設置為 80%，能夠兼顧零件密度及零件質量，即在保證結構牢固的前提下盡量減輕零件重量。

由於使用較輕的 PLA 材料代替舵機，仿生撲翼飛行機器人的尾部質量有所減少，因此可以盡可能增加尾翼面積。表面積較大的尾翼能夠提供足夠的穩定面，相比於之前表面積較小的尾翼，有利於仿生撲翼飛行機器人更加穩定地飛行，對於目前的仿生撲翼飛行機器人是一種較好的選擇。

1

2

圖 9-11　固定俯仰角度尾翼結構示意圖

　　然而，自然界鳥類的尾翼靈活可控，要想實現更加高機動的飛行，可控尾翼仍然是研究重點。基於多自由度尾翼結構，設計尾翼控制方法，能夠實現撲翼飛行機器人姿態的有效控制。因此在未來的研究中仍然需要在尾部加入舵機，並設計新的機械結構，讓舵機的動力臂成為省力槓桿，實現對尾翼的控制並能夠具有一定的抗風、抗干擾能力。

　　(3) 機翼設計方案

　　仿生撲翼飛行機器人的機翼是整個系統推力以及升力的來源，其作用在整個仿生撲翼飛行機器人的飛行中是最為關鍵的。因此，仿生撲翼飛行機器人機翼的設計與製作是仿生撲翼飛行機器人設計的重要一環。飛行機器人機翼的設計主要分為兩個部分：翼面形狀和機翼骨架。翼面形狀包括機翼的展長、弦長和翼面積；機翼骨架用於連接舵機臂與翼面，使整個翼面能夠隨著舵機臂的旋轉而上下撲動。

　　設計初期，我們依照簡化的鳥類翅膀結構設計翼型，如圖 9-12 所示。採用塑料薄膜作為翼面材料，兩側機翼獨立設計，彼此之間沒有連接，實驗結果表明兩翼獨立的設計存在升力不足的問題。因此，將兩翼合併為一個整體翼面。然而，由於該種機翼的骨架對翼邊緣的支撐不足，使得機翼外側的部分在撲動時與機翼內側產生相位差，未能與舵機臂同步旋轉，即由於空氣阻力產生滯後，導致翅膀的撲動無法為仿生撲翼飛行機器人提供充足的升力，而增加碳桿數量或加大碳桿直徑會增大機翼質量，使舵機承受更大的力矩，導致機翼的撲動頻率和撲動幅度下降，從而導致其無法滿足飛行所需要的撲動頻率和撲動幅度。

　　為了解決上述翼型存在的問題，本書設計了一款機翼骨架，如圖 9-13 所示。這種新型的機翼骨架採用 1.5mm×1.5mm 的碳桿作為展向碳桿，不再使用舵機臂連接器連接展向碳桿與舵機臂，而採用熱熔膠方式直接連接。

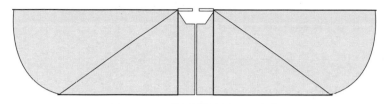

圖 9-12　兩翼分開的翼面示意圖

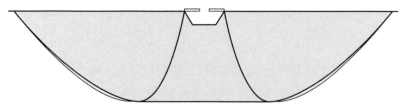

圖 9-13　弧形翼肋翼面設計圖

　　該機翼的創新之處在於骨架的形狀設計。這個設計使用了直徑為 0.5mm 的圓柱狀碳桿，將其彎曲成類似於弧度的形狀，再將其粘連在作為翼面的塑料薄膜上。這種圓柱狀細碳桿因為具有較好的彈性，在發生彎曲形變時會產生恢復其本來形狀的彈力，因此在固定於翼面後，它對翼面會有一定張力，使翼面繃緊，增加了翼面剛度，有利於飛行升力的提高。

　　此外，這種彎曲的結構加大了機翼骨架連接翅膀外緣的範圍。由於受到展向碳桿與彎曲的碳棒的作用力，使得該部分不會因為空氣阻力而產生相位差，能夠為仿生撲翼飛行機器人提供升力。同時在翼面靠近機身的區域，受到彎曲的碳棒與機身的共同作用力，避免了由於受到空氣阻力而產生較大的形變，在撲動過程中同樣可以為仿生撲翼飛行機器人提供升力。此外，彎曲的碳棒一端插入舵機臂自帶的圓孔中，對其產生了一定的固定作用，再加上碳棒沿翼面彎曲具有彈性，使得整個碳棒能夠保持在同一個平面上，而不會上下傾斜。因此這種彎曲的碳棒能夠帶動翼面隨舵機臂一同轉動，確保整個翼面的撲動與舵機臂沒有明顯的相位差。

　　由以上分析可得，這種彎曲碳棒的結構提高了機翼的翼面積利用效率，但同時也增強了整個翼面的剛性，使其難以產生有益的形變來進一步提高撲動過程中所產生的升/推力。並且，這種翼面形狀弦長不均勻，與常見鳥類的翅膀形狀有很大的差異，因此，我們對其改進設計了一款以長方形為主體、四分之一圓弧為外圍構成翼面，其展長為 80cm，弦長

為 25cm，如圖 9-14 所示。由於採用長方形加圓弧的結構，因此翼面積同樣能夠滿足穩定飛行的要求。

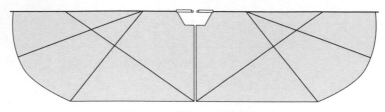

圖 9-14　USTBird 翼面設計圖

　　為了避免這種翼型出現翼面外圍部分約束過少、在空氣阻力的作用下與舵機產生較大相位差的問題，該種翼型的骨架設計為兩根碳纖維桿加一根斜向碳纖維桿，即使選用較細的碳纖維桿也能夠保持翼面剛度。

　　綜上所述，最終採用了如圖 9-14 所示的機翼。撲翼飛行機器人樣機質量 85g，撲動頻率 1～8Hz，撲動幅值範圍 60°～90°，可搭載不超過 15g 負載。此外，我們設計了一款仿鳥外殼，安裝在仿鳥撲翼飛行機器人上，使其具有更好的仿生性能，最終仿生撲翼飛行機器人樣機如圖 9-15 所示。

圖 9-15　仿鳥撲翼飛行機器人

9.1.2　舵機控制系統

　　本書採用 KST DS215MG 空心杯數位舵機，如圖 9-16 所示。該舵機具有極快的響應速度（空載時 0.05s 旋轉 60°），同時能夠產生較大的力

矩（3.7kg・cm）[136]，滿足了撲動翅膀的要求，因此使用舵機作為撲翼飛行機器人的驅動裝置。

該款舵機的質量為 20g，舵機中值為 1520μs/333Hz，相應參數見表 9-1 所示。

表 9-1　KST DS215MG 參數

電壓	空載響應時間	扭矩
7.4V	0.05s/60°	3.70kg・cm
6.0V	0.06s/60°	3.10kg・cm
4.8V	0.07s/60°	2.50kg・cm

圖 9-16　KST DS215MG
空心杯數位舵機

該款舵機的控制頻率為 333Hz，當高電平寬度為 1520μs 時舵機的輸出齒輪轉到中間值位置，如圖 9-17(a) 所示，該舵機最大擺動角為 120°，在此位置時舵機能夠以 60° 的幅值上下擺動。由於該款舵機為正向舵機，且正向舵機在逆時針旋轉時角度是遞增的，因此高電平寬度為 800μs 時舵機的輸出齒輪轉到－60° 的位置，如圖 9-17(b) 所示，此時舵機達到輸出角度的最小值；當高電平寬度為 2200μs 時，舵機的輸出齒輪逆時針旋轉到了＋60° 的位置，如圖 9-17(c) 所示，此時舵機達到輸出角度的最大值。

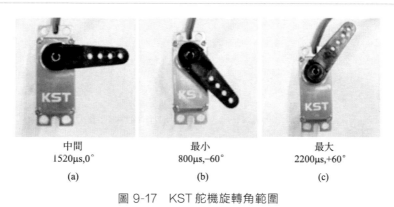

中間　　　　　　　　最小　　　　　　　　最大
1520μs,0°　　　　　800μs,-60°　　　　　2200μs,+60°
(a)　　　　　　　　(b)　　　　　　　　(c)

圖 9-17　KST 舵機旋轉角範圍

撲翼飛行機器人控制電路的需求如下。
① 能夠輸出脈衝寬度不同的 PWM 波形。
② 能夠接收遙控器或藍牙通訊的訊號。
③ 具有電平轉換的功能。
如圖 9-18 所示為整個硬體系統結構示意圖。飛控板透過主控芯片的

PWM 輸出引腳輸出脈衝寬度不同的 PWM 訊號給舵機；航模遙控器訊號由與其配套的接收機獲得，接收機根據遙控器上各個搖桿所在位置的不同輸出占空比不同的 PWM 訊號，該訊號輸入到主控芯片的 PWM 輸入引腳進行輸入捕獲，獲取其高電平時間，以判斷搖桿所在位置。由於仿生撲翼飛行機器人系統中所用的電源為 7.4V，但接收機以及主控芯片的工作電壓均為 3.3V，因此在此硬件系統中需要應用電平轉換器件，將 7.4V 的電壓轉換為 3.3V，以供工作電壓為 3.3V 的模塊使用。

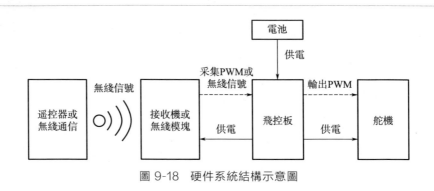

圖 9-18　硬件系統結構示意圖

　　在上述硬件系統中，可以根據接收到的飛行機器人的狀態訊號編寫飛控程序，透過兩側的舵機分別控制左右兩個機翼的撲動狀態。

　　根據鳥類翅膀的週期性撲動規律，建立基於正弦波的機翼運動數學模型[137]：

$$\alpha(t) = \alpha_0 + \alpha_{max}\sin(\omega_0 t + \varphi_\alpha) \tag{9-5}$$

$$\beta(t) = \beta_0 + \beta_{max}\sin(\omega_0 t + \varphi_\beta) \tag{9-6}$$

　　式中，α 為機翼撲動角度；β 為機翼扭轉角度；α_0、β_0 是固定的偏移量；ω_0 是機翼撲動的角頻率；φ 是初相位；t 為時間。

　　在不考慮機翼扭轉方向的自由度的情況下，可以得到針對舵機控制的機翼簡化運動模型：

$$\alpha_L = U_L - A_L\sin(\omega_1 t) \tag{9-7}$$

$$\alpha_R = U_R + A_R\sin(\omega_2 t) \tag{9-8}$$

　　式中，α_L 和 α_R 分別是左右兩翼的撲動角度；U_L 和 U_R 分別是左右兩翼的撲動初始位置；A_L 和 A_R 分別是左右兩翼的撲動幅度；ω_1 和 ω_2 分別是左右兩翼的撲動頻率；t 是時間。

　　基於 9.1.1 節所述仿生撲翼飛行機器人的結構，其左右兩翼的撲動

頻率、撲動幅度、傾斜偏移等變量均可以控制，因此使用舵機對機翼進行控制時，機翼的運動方式和控制方法具有多樣性和靈活性，本節提出了下列四種撲翼驅動方法（圖 9-19）。

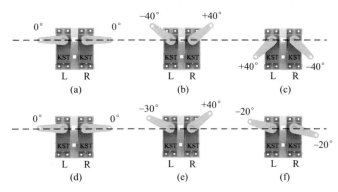

圖 9-19　撲翼驅動示意圖

第一種驅動模式：仿生撲翼飛行機器人直線飛行。其控制步驟如下。

步驟 1：結合式(9-7) 和式(9-8)，令 $U_L = U_R = 0°$，$A_L = A_R = 40°$，$\omega_1 = \omega_2$。當 $t = 0$ 時，左右兩翼均處於水平位置，即 0°，如圖 9-19(a) 所示。

步驟 2：隨著 t 的增加，sin 函數到達波峰位置，此時，$\alpha_L = -40°$，$\alpha_R = +40°$，飛行機器人的左翼控制舵機順時針旋轉 40°，右翼控制舵機逆時針旋轉 40°，兩個舵機臂均向上轉動，帶動機翼展向碳桿向上運動，使得機翼發生上撲運動，如圖 9-19(b) 所示。

步驟 3：隨著 t 進一步增加，sin 函數的輸出值從波峰向波谷變化。在這個過程中，α_L 由最小值 -40° 開始逐漸增大，左翼控制舵機逆時針轉動，即發生下撲運動；同理，α_R 由最大值 +40° 開始逐漸減小，右翼控制舵機順時針轉動，即同樣發生下撲運動。當 sin 函數的輸出值到達波谷時，$\alpha_L = +40°$，$\alpha_R = -40°$，左翼控制舵機逆時針旋轉 80°，右翼控制舵機順時針旋轉 80°，均到達下撲的最低點，如圖 9-19(c) 所示，此時翅膀下撲運動完成。

步驟 4：當 t 繼續增加時，sin 函數的輸出值從波谷開始逐漸向原點 0° 變化。在這個過程中，α_L 由最大值 +40° 開始逐漸減小，左翼控制舵機順時針轉動，即發生上撲運動；同理，α_R 由最小值 -40° 開始逐漸增大，右翼控制舵機逆時針轉動，即同樣發生上撲運動。當 sin 函數值等於 0 時，兩個舵機的轉動值又回到 0°，此時，飛行機器人的機翼又回到了水

平位置，完成了一個週期的運動，如圖 9-19(d) 所示。

不斷重復步驟 1～4 的循環過程，根據鳥類翅膀的簡化運動數學模型，即能夠透過舵機控制仿生撲翼飛行機器人的機翼進行模擬鳥類翅膀的撲動運動。

第二種驅動模式：仿生撲翼飛行機器人機翼差幅撲動。其控制步驟如下。

令 $U_L = U_R = 0°$，$A_L = 30°$，$A_R = 40°$，$\omega_1 = \omega_2$。在 sin 函數的輸出值處於波峰位置時，左翼控制舵機的上撲角度僅為 $30°$，而右翼控制舵機的上撲角度可達 $40°$，如圖 9-19(e) 所示。同理，在 sin 函數的輸出值處於波谷位置時，左翼控制舵機的下撲角度僅為 $30°$，而右翼控制舵機的下撲角度可達 $40°$。綜上所述，在這種驅動模式下，仿生撲翼飛行機器人的左翼撲動幅度為 $60°$，而右翼的撲動幅度為 $80°$，能夠實現飛行機器人左右兩翼的差幅撲動。

第三種驅動模式：仿生撲翼飛行機器人平衡位置調整。其控制步驟如下。

令 $U_L = U_R = -20°$，$A_L = A_R = 40°$，$\omega_1 = \omega_2$。當 $t = 0$ 時，仿生撲翼飛行機器人機翼的平衡位置不再是水平面，而是與水平面呈 $20°$ 夾角。在這種驅動方式下，仿生撲翼飛行機器人的左翼控制舵機和右翼控制舵機的初始位置均相對於水平面順時針旋轉了 $20°$，導致整個撲動平面向右翼方向傾斜，如圖 9-19(f) 所示，實現仿生撲翼飛行機器人平衡位置的調整。

第四種驅動模式：仿生撲翼飛行機器人左右機翼異頻撲動。其控制步驟如下。

令 $\omega_1 \neq \omega_2$，對仿生撲翼飛行機器人左右兩翼的撲動頻率進行設置。在這種驅動模式下，飛行機器人左右兩翼的撲動頻率產生差異，實現左右機翼的異頻撲動。

按照上述操作步驟對仿生撲翼飛行機器人施加控制，可以得到不同的控制效果。採用第一種驅動模式能夠實現仿生撲翼飛行機器人向前飛行，並產生俯仰力矩實現爬升；採用第二種驅動模式能夠產生偏航和翻滾力矩並實現轉向機動飛行；採用第三種驅動模式能夠使仿生撲翼飛行機器人模仿鷹類的飛行模式進行高空盤旋飛行，當頻率等於 0 時，可實現滑翔並快速降低高度；採用第四種驅動模式在產生偏航和翻滾力矩的同時，有助於仿生撲翼飛行機器人實現如橫向翻滾等高難度飛行動作。

9.1.3　飛控電路板

飛控電路板的設計是仿生撲翼飛行機器人硬件系統設計的關鍵，是整個飛控系統的核心。透過對仿生撲翼飛行機器人系統的需求進行整體分析，其飛控硬件平台應由傳感器感知系統、通訊系統、動力系統和輔助系統四部分組成[138]，根據飛行的動力驅動和自穩雲台的需求，需要 8 通道 PWM 輸出，而傳感器系統需要 1 路 IIC 和 1 路 ADC 埠，通訊系統和 GPS 占用兩路 USART 埠，整個飛控電路系統結構如圖 9-20 所示。

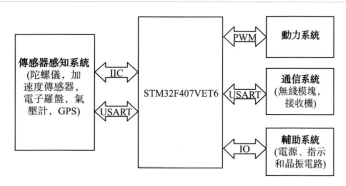

圖 9-20　飛控硬件系統整體設計方案

在該飛控硬件系統的設計方案中，MCU 與傳感器系統主要透過級聯 IIC 交換姿態傳感器數據，獲取仿生撲翼飛行機器人的姿態資訊和高度資訊，透過 USART 埠連接 GPS 獲取飛行器的位置資訊。MCU 與通訊系統主要透過 USART2 序列埠獲取上位機控制訊號和回傳狀態資訊，透過 IO 口輸入捕獲遙控器接收機訊號獲取遙控器控制資訊。MCU 與動力系統透過 IO 口輸入 PWM 訊號進行驅動並控制舵機的角度，透過 ADC 採集電池的電量資訊或者其他電壓類傳感器的數據，其中三路 PWM 控制翅膀和尾翼的動力舵機，另外三路控制雲台的方向舵機。除上述三個主要的模塊外，飛控硬件系統還有一個輔助模塊，包含提供系統的電力分配、滿足不同傳感器電壓要求的電壓模塊以及負責標記電路工作狀態的指示燈模塊和負責提供 MCU 工作頻率的晶振電路模塊。

由於仿生撲翼飛行機器人相較於其他傳統飛行器載重量小很多，因此採用一體化設計方式進行電路設計，以減小電路板質量。在設計飛控硬件系統的過程中，採用一體化設計的方式進行電路的設計和硬件的選

型。一體化設計的優點如下：

① 降低仿生撲翼飛行機器人各個系統安裝和布局的複雜度，優化飛行機器人的質量分布，減輕飛行機器人的負載；

② 採用厚度為 1.00mm 的電路板，更加輕便，降低了仿生撲翼飛行機器人的質量，延長飛行時間；

③ 減少器件線材使用，大大降低了訊號干擾和電路斷/短路的概率，延長飛控電路的使用壽命。

最終設計的飛控硬件電路板如圖 9-21 所示，將四大模塊整合到一塊電路板上，尺寸僅為 41mm×26mm，重量為 4g，功能較為齊全，能夠滿足仿生撲翼飛行機器人的飛行和載重要求。

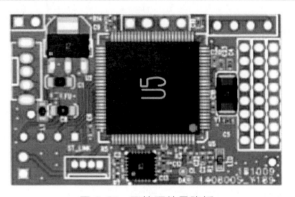

圖 9-21　飛控硬件電路板

主控系統板主要負責採集傳感器系統數據、接收遙控器和地面站指令、運行姿態控制和位置控制及數據融合算法、發送 PWM 訊號給動力系統等。仿生撲翼飛行機器人需要保持姿態的穩定才能保證位置控制算法的執行和航拍視頻的品質，因此對飛控硬件系統的實時性和處理頻率都有比較高的要求，且姿態解算和控制算法中涉及大量浮點運算，對處理器性能要求較高。透過測試和比較，這裡選擇意法半導體公司（ST-Microelectronics）的高性能微控制器 STM32F407VET6 作為飛控系統的主控芯片。

STM32 系列芯片是基於 ARM Cortex 內核製造的微控制器芯片，其優越性體現在如下幾個方面[139,140]：

① 價格低廉，其價格和 8051 單片機相近，但是性能遠遠地超過 8051 單片機；

② 外設豐富，具有極高的集成度；

③ 型號豐富；

④ 實時性能優異；

⑤ 功耗控制傑出；

⑥ 開發成本低廉，支持 SWD 和 JTAG 兩種調試口。

意法半導體公司創新性地利用單週期 DSP 指令和浮點單元技術 FPU，將 DSP 指令整合進該芯片內核，為處理複雜運算和訊號處理提供了條件，為仿生撲翼飛行機器人施加飛行控制和進行姿態解算提供了條件。這款控制芯片的主要性能參數如下：

① Cortex-M4 內核，內嵌 FPU 和一整套 DSP 指令，方便進行訊號處理和複雜運算；

② 工作主頻 168MHz，包含 512KB 的 FLASH 和 192KB 的 SRAM 儲存空間；

③ 多達 100 個 I/O 通訊埠，埠資源豐富；

④ 提供 3 個 12 位 ADC，兩個 DAC，一個低功耗 RTC，12 個通用 16 位定時器。

選定仿生撲翼飛行機器人飛控硬件系統的主控芯片後，進一步透過對飛行機器人的飛行任務進行需求分析，設計相應的傳感器系統為飛行控制提供位置、速度和姿態等資訊。在仿生撲翼飛行機器人硬件系統的設計中，傳感器系統包括姿態單元和位置單元，分別提供主控系統姿態和位置資訊。傳感器硬件系統框圖如圖 9-22 所示。

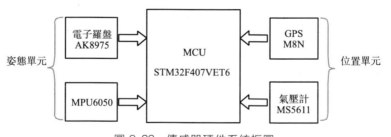

圖 9-22　傳感器硬件系統框圖

不同於傳統的旋翼飛行器，仿生撲翼飛行機器人靠驅動兩側機翼產生升力和舵機多級聯動起轉向作用，因此有著非常複雜的氣動特性，而且仿生撲翼飛行機器人在飛行過程中易受氣流干擾，只有快速準確地反饋當前機體的姿態資訊，飛控系統才能快速執行控制算法並控制姿態角確保飛行機器人的穩定飛行。其中姿態反饋的核心為飛控的姿態系統，慣性導航模塊是飛行器的必備單元。

　　這裡設計的姿態系統由陀螺儀、加速度計和電子羅盤組成，利用這三種傳感器不同的特性，透過算法融合得到準確的姿態資訊，並且這些傳感器質量輕、精度高，能夠滿足飛控硬件系統設計的要求。

　　① 陀螺儀和加速度傳感器（MPU6050）　陀螺儀的工作原理是旋轉物體的旋轉軸在不受外力的作用下，指向是不會發生變化的。加速度傳感器的原理是採用 MEMS 技術檢測元件內部在慣性力的作用下產生的形變誤差，從而檢測仿生撲翼飛行機器人的機體角加速度。MPU6050 接線圖見圖 9-23。

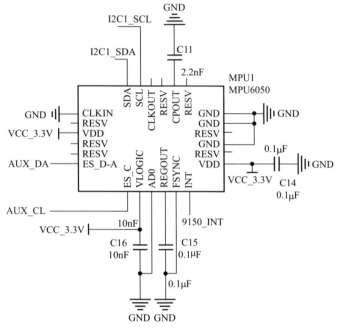

圖 9-23　MPU6050 接線圖

　　MEMS 慣性導航組合元器件與兩個元器件直接組合的相比，性能更好、質量更輕。InvenSense 公司的 MPU6050 六軸運動處理傳感器是全球首例整合了陀螺儀和加速度傳感器的電子器件，解決了陀螺儀與加速器軸間差的問題，節省了大量的封裝空間。MPU6050 不僅包含陀螺儀、加速度傳感器，還包含解算中心 DSP，當主控程序調用 DMP 庫時，內部融合姿態數據能夠直接輸出飛行機器人姿態角資訊。

　　② 電子羅盤（AK8975）　電子羅盤指各種用於測量磁場的儀器[141]，也稱為磁力儀、高斯計。顧名思義，其相當於古時候用來感應磁場的磁

針。基於 MEMS 製作的數位磁阻計可以精確快捷地測量各個方向的磁場強度，並且可以直接輸出數位訊號。由於地磁場是一個矢量，因此可以採用磁阻計來測量各個方向的地磁強度，即可以進一步得到姿態單元在大地座標系下的真實偏航角。

在姿態單元的設計中，採用由 AKM 公司推出的 AK8975 三軸磁力計。AK8975 集成了多個磁傳感器和處理訊號的運算器件，可以分別對 x 軸、y 軸和 z 軸方向上的磁感進行測量，具有體積小、抗擾動性能好的優勢，且內置上電自檢功能和消磁驅動電路。並且，磁力計 AK8975 的通訊電路圖較為簡單，通訊埠 AUX_CL、AUX_DA 接入 MPU6050 的主從通訊埠，INT 為中斷通訊埠，即組成了一個九軸傳感器。AK8975 電路接線圖如圖 9-24 所示。

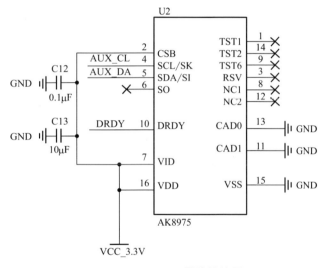

圖 9-24　AK8975 電路接線圖

而對於仿生撲翼飛行機器人硬件系統的位置單元，需要使用衛星定位技術和氣壓傳感器。消費級的 GPS 接收機能夠確定仿生撲翼飛行機器人的經緯度座標，且普遍能夠達到 5m 以內的定位精度，而氣壓計能夠實現對仿生撲翼飛行機器人的高度定位，精度能夠達到 0.5m。書中採用的傳感器介紹如下。

① GPS 模塊　GPS 模塊又稱全球衛星定位系統接收模塊[142]，是美國國防部研製和維護的中距離圓形軌道衛星導航系統，用戶只需要購買一個接收機，就能收到準確的定位、測速服務和高精度的授時服務。

GPS 模塊定位精度不高，通常能達到 5m 以內的精度。

在所設計的位置測量系統中，我們選用了多模衛星導航模塊 AT-GM336H，它是高靈敏度接收機模塊，支持 BDS/GPS/GLONASS 微型導航系統的單系統定位及任意組合的多系統聯合定位。ATGM336H 基於中科微研發的單芯片 AT6558，支持多種衛星導航系統，包括中國的 BDS（北鬥衛星導航系統）、美國的 GPS、俄羅斯的 GLONASS、歐盟的 GALILEO、日本的 QZSS 以及衛星增強系統 SBAS（WAAS，EGNOS，GAGAN，MSAS）。ATGM3356H 是一款真正意義的六合一多模衛星導航模塊，包含 32 個跟蹤通道，可以同時接收六個衛星導航系統的 GNSS 訊號，並且實現聯合定位、導航與授時。具有高靈敏度、低功耗、低成本等優勢，且重量較輕，僅為 4.6g。GPS 模塊如圖 9-25 所示。

如圖 9-25 所示，GPS 訊號透過序列埠 USART 輸出到主控芯片，且在所設計的飛控硬件系統中留有一個序列埠埠，負責以輪詢的方式讀取仿生撲翼飛行機器人的位置資訊。

(a) GPS模塊　　　　　　　　　(b) 串口接口

圖 9-25　GPS 模塊和序列埠埠

② 氣壓傳感器　高度氣壓計透過測量出大氣壓強來推算飛行機器人的飛行高度[143]。大氣的壓強是隨著飛行高度的增加而逐漸減小的，透過某處的壓強就可以算出唯一的高度值。MS5611 是由瑞士 MEAS 公司推出的一款氣壓傳感器，是一款基於 IIC 和 SPI 通訊的高分辨氣壓計，解析度可達到 10cm。MS5611 能夠輸出 24 位精度的壓力和溫度測量值，刷新速度快。

MS5611 透過 IIC 總線讀取數據，為了節省主控芯片埠，氣壓計採用串行級聯的方式連接在姿態模塊之後，共用 IIC 通訊，其實物圖和電路埠如圖 9-26 所示。

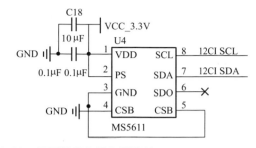

圖 9-26　氣壓計實物圖和電路埠

9.2　軟體系統設計與集成

　　軟體系統作為仿生撲翼飛行機器人系統功能實現的核心之一，在實現仿生撲翼飛行機器人資訊反饋、飛行導航等方面具有十分重要的意義。目前，仿生撲翼飛行機器人的軟體系統主要從機載飛控軟體、地面站軟體設計研究等方面開展研究。

　　仿生撲翼飛行機器人實現穩定飛行主要是依靠傳感器系統獲取位姿資訊並反饋到微處理器進行控制系統的運算，因此，飛控軟體系統的主要任務是使各功能模塊能夠協調有效地工作。地面站軟體除了常規軟體的數據接收和任務處理功能外，還應具有監控仿生撲翼飛行機器人的飛行狀態和輔助控制仿生撲翼飛行機器人自主飛行的功能，本書設計的地面站軟體具體包括「姿態顯示」「數據顯示」「電子地圖」「數據儲存」及「運動捕捉」五項功能，如圖 9-27 所示。

　　仿生撲翼飛行機器人的地面站包括機載資訊交換和地面部分[144]，機載資訊交換和飛行控制電路系統與飛行任務和設備密切相關。如圖 9-28 顯示了仿生撲翼飛行機器人的地面站方案，其中機載資訊交換的資訊包括仿生撲翼飛行機器人運動資訊、GPS 資訊、圖像採集資訊，遙控設備資訊和其他多傳感器資訊等。

圖 9-27　地面站總體設計

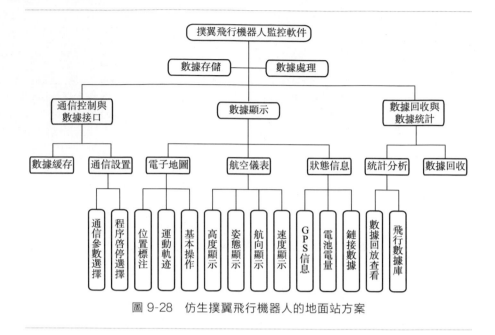

圖 9-28　仿生撲翼飛行機器人的地面站方案

　　仿生撲翼飛行機器人的地面站軟體系統要完成上述全部功能，必須由多個子系統構成。由於各個子系統的功能複雜，可能在數據和操作上互相交叉，因此，模塊化的設計思想非常重要。這裡按照地面站子系統設定任務的範圍和類型，以及飛行機器人的特性設計如下模塊。

　　① 無線鏈路。該模塊由通訊設備的收發模塊和通訊協議模塊組成，主要作用是進行飛行數據的校驗和編碼的生成，保證數據的收發一致性，防止產生誤碼現象而導致飛行機器人失控。

　　② 通訊控制。該模塊能夠根據任務自動劃分控制類型，生成控制訊號引導仿生撲翼飛行機器人的飛行，並能夠根據操作者的個人意願自動產生一系列對飛行機器人的控制訊號，由飛控訊號生成和驗證訊號執行兩個模塊組成。

　　③ 航空儀表和狀態顯示。該模塊主要包括電子儀表及狀態資訊顯示，能夠顯示仿生撲翼飛行機器人在飛行過程中的姿態、軌跡、電量等狀態資訊，同時包括數據儲存模塊，便於操作者直觀地瞭解飛行機器人的飛行狀態，同時儲存相關飛行資訊。

　　④ 電子地圖。該模塊用來顯示仿生撲翼飛行機器人經緯度、海拔高度等位置資訊，同時能夠記錄飛行機器人飛行過程中的路徑，並在電子地圖上顯示飛行機器人的航跡。

　　結合仿生撲翼飛行機器人的飛控電路系統方案和飛行任務，本書依

照模塊化的思路設計製作了地面站軟體系統的各個子系統。地面站系統界面採用 LabVIEW 軟體進行編寫，利用多線程切換技術，透過設置按鈕進行相關子系統功能的切換。從工程應用的角度來看，地面站軟體系統不僅能夠實現對仿生撲翼飛行機器人飛行狀態的監控，更是獲得仿生撲翼飛行機器人在飛行任務中實時資訊的重要手段，能夠最大限度地發揮仿生撲翼飛行機器人的效能[145]。

9.2.1　無線鏈路和通訊控制

地面站工作的前提是接收和發送數據，穩定的數據收發能力則依賴於數據鏈路的穩定[146]，所以對無線鏈路和通訊控制穩定高效的程序設計是實現地面站其他功能的前提。無線鏈路和通訊控制的程序設計包括以下四個方面。

① 序列埠通訊收發配置。LabVIEW 利用 VISA 驅動庫配置序列埠，首先進行序列埠的配置，包括波特率、奇偶校驗和停止位等，使其能夠匹配仿生撲翼飛行機器人機載的無線模塊，這樣整個通訊鏈路才能成功建立。由於飛行機器人的無線序列埠模塊通訊屬性的設置可能不同，本地面站軟體應當能夠配置序列埠通訊模塊的相關屬性來與之匹配，因此，這裡採用下拉菜單的形式選擇序列埠配置的模式，包括波特率、停止位以及緩存容量等選項。

數據鏈路建立之後，地面站透過輪詢的方法檢測 VISA 驅動的狀態，如果處於接收（Receive）狀態，地面站將提取數據緩存區數據進入緩存隊列，等待使用；如果處於發送（Send）狀態，VISA 發送模塊會將數據緩存區數據發送出去；如果處於停止（Stop）狀態，VISA 停止模塊將會清空緩存區，然後中止數據鏈路。如圖 9-29 所示為序列埠 VISA 模塊的工作流程。

② 通訊協議。仿生撲翼飛行機器人與地面站之間透過序列埠來交換數據，在數據傳輸過程中很可能出現數據錯誤和數據丟失的問題，錯誤的數據可能導致整個通訊鏈路失效，因此需要透過通訊協議來定義數據傳遞模式和資訊管理規則，並制定出數據錯誤時須遵循的規則[147]。基於設置的通訊協議，地面站能夠自動過濾錯誤的數據，避免飛行機器人接收到錯誤的控制指令。在本地面站系統中，參考 MAVlink 通訊協議來制定規則。MAVlink 通訊協議是飛行器通訊協議的一個標準，以高效和穩定的特性而著稱，本書在此基礎上進行定制和裁剪，最終採用的協議為數據格式如圖 9-30 所示。

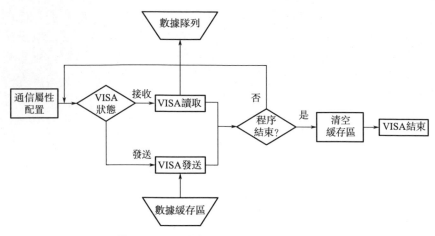

圖 9-29 序列埠 VISA 模塊的工作流程

幀頭	狀態	功能	數據	CRC校驗
0×88	數據的大小	數據類型	狀態標識大小數據	數據校驗

圖 9-30 數據鏈路通訊協議格式

在此通訊協議中，數據的起始位幀頭為 0×88，地面站接收該標誌位意味著數據傳輸的開始。狀態位透過標誌數據位解析數據量的大小，最多可儲存 44 位數據。功能位包括字節指示接收和發送數據的類型，其中傳輸的資訊包括三個姿態角、角加速度、角速度、GPS 資訊、電壓和錯誤等資訊，控制量包括三個姿態角控制、高度控制、目標地點控制等。數據位是資訊位的具體數值表示。通訊協議能夠透過 CRC 校驗[148]，降低通訊的誤碼率。

當通訊協議解析被調用時，程序從接收數據緩存隊列中讀取數據，然後開始尋找幀頭數據「0×88」和狀態碼，並從緩存區讀取相應數據，然後進行 CRC 校驗，對比校驗碼，一旦資訊有誤就丟棄數據繼續讀取下一幀數據，若資訊無誤則提取數據並送至航空儀表顯示。通訊協議的工作流程如圖 9-31 所示。

③ 生產者-消費者設計思想[149]。由於無線序列埠模塊收發的數據為實時數據，導致數據的速率往往與電腦處理速率不匹配，因此需要採用生產者-消費者模式。生產者-消費者的設計模式是指在一個軟體系統中，存在生產者和消費者兩種角色，並透過內存緩衝區進行通訊。在這種設計模式中，生產者能夠生產消費者所需要的資料，消費者把資料做成產

品，兩者並行運算相互不干擾。該模式利用數據隊列進行數據緩存，透過隊列使兩個任務可以同時運行，增加數據處理的速度，降低數據丟失的風險。生產者-消費者是一種先進的設計思想，解決了數據接收和處理不同步問題。在地面站的數據處理中，可以利用生產者-消費者模式處理通訊數據的問題。

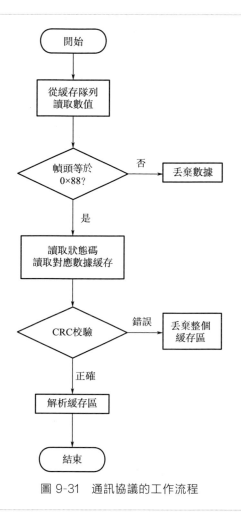

圖 9-31　通訊協議的工作流程

④ 數據處理。數據處理是通訊控制透過通訊模塊對接收到的數據進行分割、解碼和儲存的過程，數據經過通訊協議校驗後，成為待處理的「RAW」數據，之後數據處理模塊會對「RAW」數據進行處理，使其成為能夠被「航空儀表和狀態顯示」模塊可接收的數據，其數據處理流程如圖 9-32 所示。

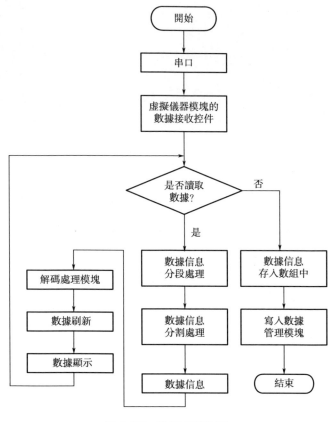

圖 9-32　數據處理流程

9.2.2　地面站工作界面

　　數據採集和狀態顯示是地面站系統設計的核心部分，為了實現數據可視化，本書參考旋翼飛行器地面站的界面設計，採用層叠的結構安排界面的顯示控件，透過按鈕的方式切換不同的顯示界面，並透過後面板利用狀態機處理對應界面的功能模塊。在這種模式下，可以透過按下按鈕將狀態機切換到相應功能模塊，並停止無關模塊。這種設計方案的優點是在執行過程中避免電腦資源被浪費，保證地面站運行流暢。

　　仿生撲翼飛行機器人回傳的數據經過序列埠數據處理模塊進行解碼後，解碼的數據被送到相應的模塊進行可視化界面顯示，並且隨著仿生撲翼飛行機器人的飛行過程不斷進行數據的刷新，同時做好數據儲存的準備。具體的地面站軟體工作流程如圖 9-33 所示。

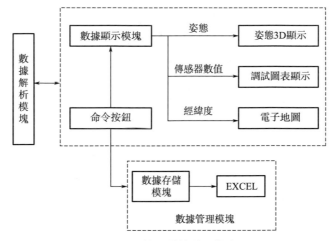

圖 9-33　地面站軟體工作流程

地面站工作界面可分為以下 4 個部分。

① 姿態角的 3D 顯示和波形圖像顯示界面　3D 顯示和波形圖像顯示界面即為姿態角可視化界面。界面由兩部分組成，左側為仿生撲翼飛行機器人 3D 姿態實時動態顯示，能夠顯示仿生撲翼飛行機器人的飛行姿態、機翼撲動速度以及尾翼調節角度等狀態資訊；右側為姿態數據波形顯示，能夠顯示波形數據在一段時間內的變化情況。

在所有的顯示形式裡，3D 顯示能夠直觀地呈現出仿生撲翼飛行機器人姿態的變化。仿生撲翼飛行機器人姿態 3D 顯示界面如圖 9-34 所示，左側為仿生撲翼飛行機器人的 3D 顯示界面，透過導入仿生撲翼飛行機器人的模型，並設置光源等效果，使姿態顯示界面具有空間感，能夠直觀地透過地面站系統的上位機觀察仿生撲翼飛行機器人的姿態資訊；右側顯示界面為波形圖表，能夠顯示俯仰角、滾轉角和偏航角隨時間變化的曲線，並能夠根據操作者的選擇顯示部分或者全部姿態角資訊。

② 調試界面　仿生撲翼飛行機器人透過傳感器採集資訊，按照一定的通訊協議將數據發送回來，隨後通訊協議解析模塊將無線模塊接收到的資訊進行數據解析，其中包括陀螺儀、加速度計、電子羅盤和氣壓計的原始數據。

如圖 9-35 所示為傳感器調試界面，其中，飛行狀態資訊是利用儀表和文本框相結合的方式進行顯示的。在操作界面中顯示的飛行狀態資訊包括俯仰角、滾轉角、偏航角、xyz 軸角加速度以及 xyz 軸角速度九個

值，這些數據的接收和解析的原理與姿態數據的接收和解析原理是一樣的，同屬於姿態數據。顯示圖表上設置有選擇框，能夠透過勾選相應的狀態資訊選項，使其相應的數據資訊在「波形圖表」中進行顯示。並且，不同狀態資訊數據對應不同顏色的曲線，主要用於對姿態傳感器的調試。

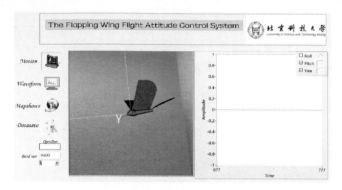

圖 9-34　仿生撲翼飛行機器人姿態 3D 顯示界面

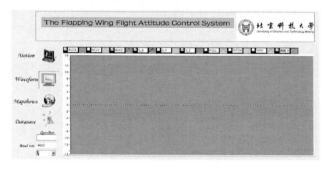

圖 9-35　傳感器調試界面

　　③ 電子地圖界面　在地面站系統中，「電子地圖」模塊即為仿生撲翼飛行機器人的導航系統平台，透過地面站系統接收 GPS 數據實現對仿生撲翼飛行機器人地理位置的監控。在「電子地圖」模塊中，地面站先使用預定義的格式向仿生撲翼飛行機器人請求地理數據，在仿生撲翼飛行機器人接收到請求數據後，啓動 GPS 得到數據包，然後將數據包發送至地面站，地面站對遙測數據包進行解析，實現對仿生撲翼飛行機器人地理位置的監控，對應的電子地圖如圖 9-36 所示。

　　地面站系統的「電子地圖」模塊是透過調用「百度靜態地圖 API」實現的[150]。電子地圖可以顯示仿生撲翼飛行機器人航點和航跡，將游標放置在地圖任意位置設置標籤，還可以實現放大、縮小、居中、平移

等操作。地面站上傳的指令透過數據解析後發送至仿生撲翼飛行機器人，隨後飛行機器人下傳遙測數據包至地面站，地面站按照約定的通訊協議進行解析並顯示。

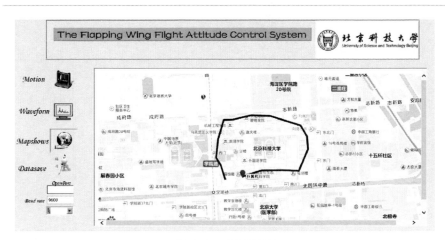

圖 9-36　電子地圖

對仿生撲翼飛行機器人飛行軌跡的繪製以及實時顯示是透過調用 LabVIEW 對象屬性的方法節點來實現的。透過將 GPS 資訊轉化為特殊 HTTP 格式，向百度地圖請求數據，並將當前的座標值賦給對象，使仿生撲翼飛行機器人所處的位置處於視野中央，再將採集頻率進行適當延時，在地圖的另一位置繼續繪製標籤，增加 HTTP 格式的標籤和圖元數，這些圖元連起來就完成了仿生撲翼飛行機器人飛行航線的繪製。

④ 數據儲存界面　仿生撲翼飛行機器人地面站系統的一個重要任務為對關鍵飛行資訊的儲存。本地面站利用 LabVIEW 自帶的 Excel 控件對數據進行儲存並生成報表，其中，飛行數據儲存對象包括仿真時間、經度、緯度、高度、速度、俯仰角、滾轉角、航向角、側滑角速率、滾轉角速率、已飛航程、剩餘航程和目標點距離等屬性。點擊「Datasave」功能按鈕時，該界面的各個顯示框顯示數據，同時將數據統一格式並輸出到 Excel 表格中。當功能切換後，數據儲存停止，Excel 報表對飛行仿真軟體解算的數據結果進行儲存。數據儲存完成後，透過關鍵字和數據範圍進行查詢，對所儲存的數據資訊進行分析，能夠對之後的飛行實驗進行優化和改進。儲存界面如圖 9-37 所示。

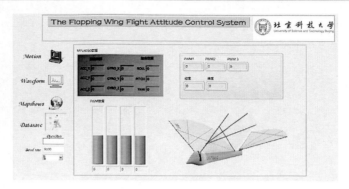

圖 9-37　數據儲存界面

9.3　本章小結

　　本章透過搭建硬體系統，並進行大量的實驗來不斷改進仿生撲翼飛行機器人的機身、機翼及尾翼等結構，設計出了能夠持續穩定飛行的仿生撲翼飛行機器人樣機。在軟體系統設計方面，搭建了仿生撲翼飛行機器人的地面站系統，實現人機交互功能，便於對仿生撲翼飛行機器人飛行狀態資訊的測量與監控。基於本章的工作，為今後姿態控制以及航跡規劃等仿生撲翼飛行機器人的自主飛行任務研究工作打下了堅實的基礎。

第10章

飛行實驗

　　撲翼飛行機器人作為一種新興的仿生飛行器，在國防軍事以及民用領域都具有廣闊的應用前景。然而，目前的撲翼飛行機器人還無法脫離人的遙控，限制了撲翼飛行機器人實現複雜任務的目標。

　　在對仿生撲翼飛行機器人相關理論進行研究和仿真後，基於機器視覺技術，透過地面攝影頭捕捉撲翼飛行機器人運動軌跡，實現飛行控制，並設計了定高飛行實驗進行驗證。為了擺脫傳統撲翼機手拋起飛的困境，實現起飛的自主化，基於第 9 章設計的仿生撲翼飛行機器人樣機，搭建了撲翼飛行機器人輔助起飛平台，設計了自主起飛實驗，從實際效果驗證仿生撲翼飛行機器人自主控制的有效性。

10.1　定高飛行

　　由於仿生撲翼飛行機器人翅膀撲動周圍空氣產生非定常渦流，不同於旋翼機飛行的準定常空氣動力學系統，仿生撲翼飛行機器人是一個複雜的非線性、非定常系統。仿生撲翼飛行機器人的體型較小且多採用柔性結構，易受擾動的影響。同時，傳感器和執行機構隨著尺寸的減少性能也急劇下降，所以需要更好的控制算法來實現系統的穩定性。目前大多數的仿生撲翼飛行機器人偏重機械設計和機體開發，由於仿生撲翼飛行機器人本身機械尺寸和運動方式的限制，很多對固定翼和旋翼機的研究在仿生撲翼飛行機器人上無法很好應用。

　　仿生在撲翼飛行機器人上搭載攝影機不僅可以用來收集圖像資訊，還能夠使用視覺的方法進行仿生撲翼飛行機器人目標跟蹤和避障控制等[151]。已有研究人員利用搭載在仿生撲翼飛行機器人上的圖像傳輸設備，透過在地面系統進行圖像處理，完成了仿生撲翼飛行機器人識別指定的紅色目標，並控制仿生撲翼飛行機器人飛行到目標位置的任務[152]。

　　除了直接在仿生撲翼飛行機器人上搭載攝影機，也有許多研究是透過外部的視覺運動捕獲系統，對仿生撲翼飛行機器人的飛行姿態和飛行軌跡[153] 進行檢測，從而控制仿生撲翼飛行機器人完成定高飛行[154,155]、躲避障礙[156,157]、目標追蹤[158] 以及穿越窗口[159] 等飛行任務。

　　由於現有的仿生撲翼飛行機器人普遍負載能力較差，無法裝載過多的傳感器飛行。為了減少仿生撲翼飛行機器人的重量負擔，本章使用外部攝影頭捕捉仿生撲翼飛行機器人的飛行軌跡。相比於使用陀螺儀和加速度計等姿態傳感器計算獲取仿生撲翼飛行機器人的位置，採用視覺捕

獲的方法能避免仿生撲翼飛行機器人撲動空氣產生的不規律振動對傳感器測量數據的影響。

10.1.1 硬件系統設計

為了實現仿生撲翼飛行機器人的自主飛行控制，設計開發了飛行控制硬件電路板。考慮到仿生撲翼飛行機器人自身負載能力差，無法機載較重物體飛行，在元器件選型的過程中，優先選用了小封裝和低功耗的電子元器件，保證飛行控制板具有較輕的質量，從而在有限的電池電量供應下，提供更長的續航，減小負載對仿生撲翼飛行機器人飛行的影響。

本仿生撲翼飛行機器人飛行控制硬件系統採用 STM32L151CBU6 芯片作為飛行控制板的主控芯片。由於實驗使用外部視覺反饋，所以主控板需要與地面站上位機通訊，因此在飛行控制電路板上加入了無線通訊模塊。常用的無線通訊模塊有 WiFi、藍牙、2.4G 等。考慮到目前的實驗只是在實驗室內進行，工作範圍較小，藍牙使用簡單、工作範圍可達10m，能夠滿足實驗要求，而且具有低功耗的特性，綜合考慮，選擇藍牙序列埠模塊作為飛行控制電路板和地面站上位機通訊的無線傳輸模塊，飛行主控板的藍牙通訊模塊如圖 10-1 所示。

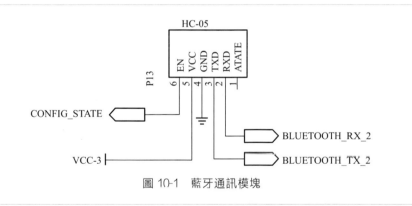

圖 10-1　藍牙通訊模塊

首先，將藍牙轉序列埠模塊配置為從機模式，使其透過序列埠與STM32L 主控芯片通訊，然後將電腦透過藍牙與該模塊連接，這樣就構建了電腦到主控芯片的通訊鏈路，在電腦上運行的地面站軟體具有數據通訊功能，透過這一鏈路即可完成地面站軟體與主控芯片之間的通訊。傳感器模塊包括 MPU9250 姿態傳感器和 MS5611 氣壓傳感器。

姿態控制是各類飛行器實現自主控制中一個至關重要的環節。因此在仿生撲翼飛行機器人的飛行控制板中加入了 MPU9250 九軸傳感器模

塊，用於檢測仿生撲翼飛行機器人飛行過程中的姿態變化資訊，如圖 10-2 所示。

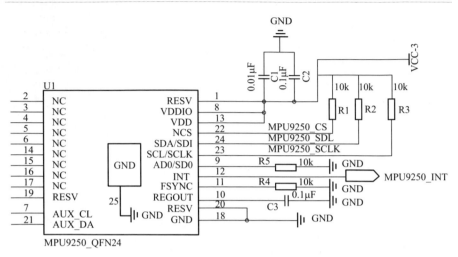

圖 10-2　姿態傳感器模塊

　　MPU9250 是一個採用 QFN 封裝的複合芯片（MCM），尺寸為 3mm×3mm×1mm，非常適合用於輕小型電路板設計。MPU9250 由兩個部分組成，一部分是 3 軸加速度計和 3 軸陀螺儀，另一部分是 AKM 公司的型號為 AK8963 的 3 軸磁力計。因此 MPU9250 是一款 9 軸運動姿態傳感器。它在非常微小的 3mm×3mm×1mm 的封裝裡集成融合了 3 軸加速度計、3 軸陀螺儀和數位運動處理器（DMP）。MPU9250 採用 I2C 通訊，可以直接輸出 9 軸傳感器的全部數據。

　　MPU9250 具有 3 個 16 位的加速度計 AD 輸出，3 個 16 位的陀螺儀 AD 輸出和 3 個 6 位的磁力計 AD 輸出。可以準確實現慢速和快速運動的姿態跟蹤，提供 I^2C 和 SPI 埠，輸入電壓為 2.4～3.6V，通訊可以採用 400kHz 的 I^2C 或者 1MHz 的 SPI 方式，其中，使用 SPI 在 20MHz 的模式下可以直接讀取傳感器和中斷寄存器，從而更快速地獲取姿態資訊。

　　MS5611 氣壓傳感器是由 MEAS（瑞士）推出的一款 SPI 和 I^2C 總線埠的新一代高解析度氣壓傳感器，解析度可達到 10cm。該傳感器模塊包括一個高線性度的壓力傳感器和一個超低功耗的 24 位模數轉換器（工廠校準係數）。MS5611 提供了一個精確的 24 位數字壓力值和溫度值以及不同的操作模式，可以提高轉換速度並優化電流消耗。MS5611 幾乎可以與任何一種微控制器連接，通訊協議簡單，無需在設備內部寄存器編程。

MS5611 壓力傳感器尺寸只有 5.0mm×3.0mm×1.0mm，可以集成在移動設備中。這款傳感器採用領先的 MEMS 技術並得益於 MEAS（瑞士）10 餘年的成熟設計以及大批量製造經驗，保證產品具有高穩定性以及非常低的壓力訊號延遲。

MS5611 有兩種類型的串行埠：SPI 和 I^2C。透過調節 PS 引腳的電壓來選擇使用 I^2C 或 SPI 通訊模式。

（1）SPI 模式

外部的微控制器透過輸入 SCLK（串行時鐘）和 SDI（串行數據）來傳輸數據。在 SPI 模式下，時鐘極性和相位允許同時模式 0 和模式 3。SDO（串行數據）引腳為傳感器的響應輸出。CSB（芯片選擇）引腳用來控制芯片使能/禁用，所以，其他設備可以共用同一組 SPI 總線。在命令發送完畢或命令執行結束時，CSB 引腳將被拉高。在 SPI 總線空閒模式下模塊有較好的抗噪聲性能並能在 ADC 轉換時與其他設備連接。

（2）I^2C 模式

外部的微控制器透過輸入 SCLK（串行時鐘）和 SDA（串行數據）來傳輸數據。傳感器的響應在一根雙向的 I^2C 總線埠的 SDA 線上，所以這個埠類型只使用 2 條訊號線路而不需要片選訊號，這可以減少板空間。在 I^2C 模式下補充引腳 CSB（芯片選擇）代表了 LSB 的 I^2C 地址。在 I^2C 總線上可以使用兩個傳感器和兩個不同的地址。CSB 引腳應當連接到 VDD 或 GND（不能懸空）。

氣壓計的作用是測量仿生撲翼飛行機器人飛行的實時高度，其原理是透過測量溫度補償後的氣壓值與標準大氣壓比較，從而得到實際位置的高度。然而在實驗中發現氣壓計的測量結果不夠精確，撲翼飛行機器人在低空飛行時高度測量結果變化不明顯，因此沒有使用氣壓計測量飛行高度。

PCB 電路板成品如圖 10-3 所示。整個 PCB 電路板長 31.93mm，寬 24.59mm，重量僅為 3.2g，在保證系統功能齊全、性能完善的前提下做到了較小的尺寸和較輕的重量，如圖 10-4 所示。

圖 10-3　電路板成品圖

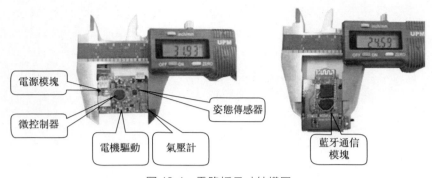

圖 10-4　電路板尺寸結構圖

　　在硬件系統完成後，編寫了仿生撲翼飛行機器人的飛行控制程序。使用的編程開發環境為 Keilμ Version5，編程語言為 C 語言。當打開電源開關，飛行主控板通電後，將自動運行預先燒寫在主控芯片中的控制程序，程序結構流程如圖 10-5 所示。

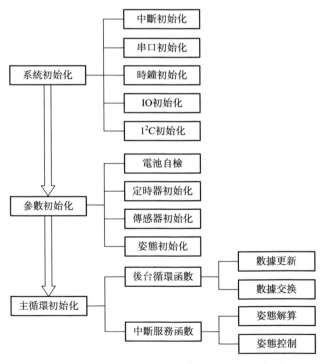

圖 10-5　仿生撲翼飛行機器人控制程序

首先進行系統初始化，包括用於延時的內部系統時鐘的初始化，用於和外界通訊的序列埠的初始化，用於產生恆定控制週期的中斷定時器時鐘初始化，用於傳感器資訊採集通訊的 I^2C 初始化和用於電源指示燈等的 I/O 初始化。

然後進行系統參數的初始化，包括採集電池電壓獲取當前電池電量，設定控制定時器中斷的週期，重置傳感器的數據參數和初始化姿態解算的數據參數。

最後執行主循環函數，在主循環中只有將系統參數發送出去的功能，實際上大部分的時間都在執行中斷函數。系統每 30ms 會觸發一次序列埠接收中斷，在中斷過程中飛行控制板將接收由上位機發送的數據，包括設定的高度值、實際的高度值和 PID 控制器的三個參數。根據定時器設定的週期，每隔 4ms 的時間將執行一次 PID 控制，在這個中斷函數中，首先根據設定值和實際值計算當前的偏差量，然後在獲取的 P、I、D 三個參數下執行 PID 調節，最終得到控制電機的 PWM 輸出，透過將 PWM 結果賦值給電動機，改變仿生撲翼飛行機器人的驅動力的大小。

10.1.2 撲翼飛行機器人位置捕獲

要想實現撲翼飛行機器人位置的自主控制，位置資訊的反饋必不可少，然而，現有的仿生撲翼飛行機器人普遍負載能力較差，無法裝載過多的傳感器飛行，外部攝影頭捕捉仿生撲翼飛行機器人的飛行位置是一個不錯的選擇。為此，本節分別採用了 Kinect 深度攝影頭和 Vicon 多攝影頭系統作為外部攝影頭，反饋撲翼機器人的位置資訊。

（1）Kinect 深度攝影頭

Kinect 在 2010 年正式發布，起初用於體感遊戲，後來由於 Kinect 可以十分方便地獲取 Depth（深度）和 Skeleton（人物姿勢）等資訊，被全世界的開發者和研究人員關注。利用 Kinect 進行圖像處理流程如圖 10-6 所示。

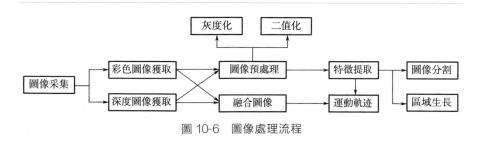

圖 10-6　圖像處理流程

Kinect 透過 USB 與電腦相連，然後利用 KinectforWindowsSDK 對 Kinect 進行操作。當 Kinect 連接成功後，透過調用 SDK 中的相關方法即可以每秒 30 幀的速度同時獲取彩色圖像和深度圖像。此處獲取的是解析度為 640×480 的 RGB 格式的彩色圖像，每個像素有 24 位，其中紅色通道、綠色通道和藍色通道各占 8 位，獲取的深度圖像的解析度也是 640×320，每個像素為 16 位。

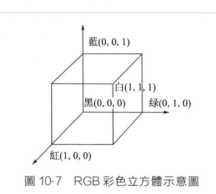

圖 10-7　RGB 彩色立方體示意圖

如前所述，透過 Kinect 可以獲取 640×480 像素，位解析度為 24 位的 RGB 模型圖像。在 RGB 彩色模型中，每種顏色出現在紅、綠、藍的原色光譜分量中，這個模型基於笛卡爾座標系統，所考慮的彩色子空間是圖 10-7 所示的立方體[160]。

其中，R、G、B 分別位於 3 個角上，黑色在原點處，白色位於離原點最遠的角上，灰度等級沿著這兩點的連線分布。在這個模型中，圖像由 3 個圖像分量組成，每一個分量圖像都是其原色圖像，而三幅圖像混合產生一幅合成的彩色圖像，此圖像位解析度為 24 位，表明每一幅紅、綠、藍圖像都是一幅 8 位元圖像（即 3 個圖像平面乘上每平面位元數）。在 24 位元 RGB 圖像中顏色總數是（2^8）^{3} ＝ 13777216。

由於從 Kinect 得到的圖像為 640×480，總共有 307200 個像素，每個像素有 3 個顏色通道，每個通道又有 8 位，如果直接對彩色圖像處理，運算量將非常大，算法也將更加複雜。相較於彩色圖像而言，灰度圖像更加容易計算，所以本書將圖像首先進行預處理，包括灰度化和二值化。圖像灰度化的過程就是將彩色圖像轉換為灰度圖像的過程。灰度圖（Grayscale）是只包含亮度資訊不包含色彩資訊的圖像，電腦中表示灰度圖是把亮度值進行量化等分成 0～255，共 256 個級別，0 最暗（黑），255 最亮（白），而在 RGB 模型中，如果 R＝G＝B，則顏色（R、G、B）就表示灰度色。RGB 圖像到灰度圖的轉換沒有確定的標準，一般來說，是根據原來照片中 RGB 三個分量以及它們的權重來求取的。本系統中對 3 個分量是按照平均權重分配的，即某像素點的灰度值為：

$$f_{\text{Gray}}(x,y)=\frac{1}{3}\left[f_{\text{R}}(x,y)+f_{\text{G}}(x,y)+f_{\text{B}}(x,y)\right] \quad (10\text{-}1)$$

處理過程如圖 10-8 所示。

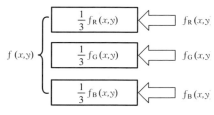

$$f(x,y) \begin{cases} \dfrac{1}{3}f_R(x,y) \Longleftarrow f_R(x,y) \\[8pt] \dfrac{1}{3}f_G(x,y) \Longleftarrow f_G(x,y) \\[8pt] \dfrac{1}{3}f_B(x,y) \Longleftarrow f_B(x,y) \end{cases}$$

圖 10-8　彩色到灰度級的變換

灰度化前後對比圖像如圖 10-9 所示。

(a) 原始圖　　　　　　　　　　(b) 灰度化後的圖

圖 10-9　原始圖和灰度化後的圖像

　　為了進一步辨識和分析運動目標區域、提高運算速度、降低處理成本，對灰度圖像來進行二值化處理。二值化的具體實現方法很多，比較常用的是閾值法。閾值分割技術是在圖像處理與識別中廣泛應用的一種圖像處理方法，它利用了圖像中所要提取的目標與背景在灰度特徵性上的差異，把圖像視為不同灰度值的組合，透過選取閾值將目標區域從其背景中分離出來。

　　閾值法的具體步驟是假設原始的灰度圖像為 $f(x,y)$，根據某一規則，在 $f(x,y)$ 中找出一個灰度值 T 作為閾值將圖像分為兩部分，當灰度圖像中像素點的亮度小於這個數值時，把像素點設置為黑色，而當圖像中像素點的亮度值大於這個數值時，把像素點設置為白色。分割後的二值化圖像 $g(x,y)$ 如式(10-2) 所示：

$$g(x,y) = \begin{cases} 1, f(x,y) \geqslant T \\ 0, f(x,y) < T \end{cases} \tag{10-2}$$

　　可以看出，閾值 T 的選擇對於二值化圖像的質量至關重要：如果閾值選取的過高，則過多的目標點被誤認為是背景，閾值選得過低，則會

出現相反的情況，這樣也將影響二值化圖像中目標的大小和形狀，甚至會將目標丟失，圖像有效資訊損失嚴重。在我們拍得的圖像中，除了背景牆以外就是仿生撲翼飛行機器人的運動，而從處理後的灰度圖像可以看出，仿生撲翼飛行機器人的灰度和背景灰度十分接近，這就對閾值 T 的選取提出了較高的要求。所以我們沒有使用常見的固定閾值的方法，而是使用一種迭代的方法求圖像的最佳分割閾值，這種方法可以較好地將仿生撲翼飛行機器人從背景中分離出來，具體步驟如下：

求出圖像中的最大和最小灰度值 Z_1 和 Z_k，令閾值的初始值如下：

$$T^k = \frac{Z_1 + Z_k}{2} \tag{10-3}$$

根據閾值 T^k 將圖像分割成目標和背景兩部分，求出各部分的平均灰度值 Z_O 和 Z_B，如式(10-4) 和式(10-5) 所示：

$$Z_O = \frac{\sum\limits_{z(i,j)<T^k} z(i,j)N(i,j)}{\sum\limits_{z(i,j)<T^k} N(i,j)} \tag{10-4}$$

$$Z_B = \frac{\sum\limits_{z(i,j)>T^k} z(i,j)N(i,j)}{\sum\limits_{z(i,j)>T^k} N(i,j)} \tag{10-5}$$

式中，$z(i,j)$ 是圖像上 (i,j) 點的灰度值；$N(i,j)$ 是 (i,j) 點的權值係數，取為 1.0。按式(10-6) 求出新的閾值：

$$T^{k+1} = \frac{Z_O + Z_B}{2} \tag{10-6}$$

如果 $T^{k+1} = T^k$ 則算法結束；否則令 $k+1 \rightarrow k$，轉到第 2 步。

二值化後的圖像如圖 10-10 所示。

圖 10-10　二值化後的圖像

　　要透過電腦視覺的方法提取運動目標的運動參數，首先就是要從連續的每張圖像中檢測出運動目標，這是整個模態檢測的基礎。其主要任務是從序列圖像中將變化的區域從背景圖像中分割提取出來，即分離出運動像素點和靜止像素點，其檢測精度直接影響到後續的數據處理。然而，由於拍攝時背景圖像受到天氣、光照、影子及其他干擾因素的影響，運動檢測成為一項相當困難的工作。目前常用的檢測方法有三種：光流法、背景圖像差分法和幀間差分法。

　　在序列圖像中，目標的運動對應著其空間位置的變化。如圖 10-11 所示的運動物體的視覺原理中，$OXYZ$ 是空間物體 P 點的空間位置座標系，它構成物體空間。oxy 是圖像空間，是一個平面，也就是攝影機對物體 P 進行觀測獲取圖像形成的位置。O 與 o 相距 f 為攝影機的焦距，OXY 與 oxy 兩平面平行。

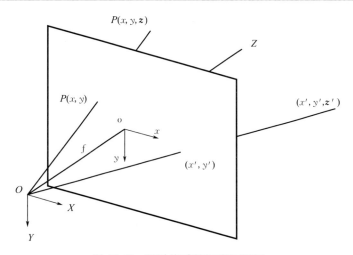

圖 10-11　運動物體的視覺原理圖

　　假設剛性物體上一點 P 在時刻 t_1 的三維空間座標為 (x,y,z)，時刻 t_2 的座標為 (x',y',z')，它們在圖像空間的座標分別為 (x,y) 和 (x',y')，記 $(\Delta x,\Delta y)$ 是 P 點在圖像平面上兩時刻的位移量，即式(10-7)：

$$\Delta x = x' - x$$
$$\Delta y = y' - y$$

(10-7)

　　空間物體點 P 從 (x,y,z) 運動到 (x',y',z')，反映在圖像平面上從 (x,y) 位置移動到 (x',y')，這是透過攝影機觀測景物運動記錄下來並能得到的資訊。

　　光流法的基本思想是透過計算出來的光流場來模擬運動場，根據運動目標隨時間變化的運動特性對其進行有效的提取和跟蹤。光流場是空間序列上物體被觀測表面的像素運動的瞬時速度場；而運動場則是指三維物體的實際運動在圖像平面上的投影。理想狀態下，光流場和運動場互相吻合，但實際上並非如此。光流的產生可以是物體的運動造成的，此時光流場即運動場，或者由攝影機的運動以及環境光照變化引起，此時的光流場與運動場就有區別。

　　光流法是一種基於像素分析的方法，不需要事先對圖像進行處理，而是直接對圖像本身進行計算，理論上需要滿足如下幾個條件：

　　① 運動物體表面平坦；

　　② 物體在運動過程中沒有形變或只有微小形變；

　　③ 物體表面上的入射光是均勻的，反射光的變化非常平滑，沒有空間不連續點；

　　④ 在微小的時間間隔內，運動物體上的某一點在圖像上產生的灰度基本不變。

　　滿足上述條件時，物體表面相應點的運動就可以直接確定圖像中灰度模式的運動，由此可以得到光流場，然後根據光流場進行運動的檢測。然而，光流法雖然在處理背景運動和遮擋問題上有很大的優勢，但還是有很多不足之處，主要表現在以下幾個方面。

　　① 基本的光流約束方程並非嚴格成立，Verri 和 Poggio 指出只有在梯度較大的點或者一些比較特殊的表面結構（漫反射）和運動情況（平移占優）下，基本的光流約束方程才嚴格有效[161]。

　　② 光流的計算存在較大的噪聲和誤差，其原因除了上面基本的光流約束方程外，微分運算對噪聲的敏感性、附加約束條件的不完善等因素使從有噪聲的圖像中精確計算光流存在著較大的困難。

　　③ 光流的計算量偏大，普通的光流計算一般都要求迭代運算，所以比較耗時，而且一般情況下精度越高的光流算法計算代價就越大，普通的數位訊號處理芯片和硬件系統構架是難以勝任的。因此造價可能比其他的算法稍微高些。

　　背景圖像差分法是目前運動檢測中最常用的一種方法，它是利用當前圖像與背景圖像的差分來檢測出運動區域的一種技術。在被攝背景穩定不變的情況下，背景圖像差分法能很好地實現運動目標的檢測，但是這種方法對光照變化、外來無關事件的干擾等敏感度很強，譬如開燈和關燈的操作均會導致背景圖像差分法檢測出錯誤的運動物體。原因是該方法是直接利用圖像灰度變化來檢測目標，不像其他方法（比如光流法

等）是透過提取圖像提供的其他資訊來檢測目標的，而提取資訊的算法往往就能夠抵抗噪聲、光照變化這些突變因素。同時背景圖像差分法不能較好地處理背景運動的影響，盡管可以採取不少措施來補償背景運動，但通常也會產生大量的虛假目標，其主要原因是還沒有一種匹配技術能夠完全消除背景的移動。

最簡單的背景模型是時間平均圖像，大部分的研究人員目前都致力於開發不同的背景模型，以期減少動態場景變化對於運動分割的影響。例如，Haritaoglu 等[162] 利用最小、最大強度值和最大時間差分值為場景中每個像素進行統計建模，並且進行週期性的背景更新；Mckenna 等[163] 利用像素色彩和梯度資訊相結合的自適應背景模型來解決影子和不可靠色彩線索對於分割的影響；Karmann 與 Brandt[164]、Kilger[165] 採用基於卡爾曼濾波的自適應背景模型以適應天氣和光照的時間變化；Stauffer 與 Grimson[166] 利用自適應的混合高斯背景模型（即對每個像素利用混合高斯分布建模），並且利用在線估計來更新模型，從而可靠地處理了光照變化、背景混亂運動的干擾等影響。

幀間差分法又稱圖像序列差分法，它透過計算相鄰幀間像素的時間差分來確定圖像序列中有無物體運動，圖像序列的逐幀差分相當於對圖像序列進行了時間域上的高通濾波。例如，Lipton 等[167] 利用兩幀差分法從實際視頻圖像中檢測出運動目標，進而用於目標的分類與跟蹤；VSAM[168] 開發了一種自適應背景圖像差分法與三幀差分法相結合的混合算法，它能夠快速有效地從背景中檢測出運動目標。

簡單的連續兩幀序列圖像的差分過程為：設在時刻 t_i 和 t_{i+1} 採集到兩幅圖像 $f(x,y,t_i)$ 和 $f(x,y,t_{i+1})$，則據式（10-8）可得到二者的差圖像：

$$f_{i+1}(r,y) - f_i(x,y) = \begin{cases} 1 & |f(x,y,t_{i+1}) - f(x,y,t_i)| > T \\ 0 & \text{其他} \end{cases}$$

$$(10-8)$$

式中，T 為閾值。差分圖像中的 0 為像素對應在前後兩時刻間沒有發生（由於運動而產生）變化的地方，而為 1 的像素對應兩圖像間發生變化的地方，這常是由於目標運動而產生的。

幀間差分法可以很好地適用於存在多個運動目標和攝影機移動的情況，對於運動環境具有很強的自適應性。與背景圖像差分法相比，由於用來差分的兩幀圖像時間間隔很短（大約等於所拍攝視頻幀率的倒數），所以動態背景（甚至攝影機移動）對差分圖像影響很小，也不會出現「鬼影」現象。從理論分析可以看到，差分後的圖像具有邊緣圖像的性

質，所以和靜止邊緣圖像一樣，差分圖像並不是由理想封閉的輪廓區域組成，運動目標的輪廓往往是局部的、不連續的。

光流法計算量較大，不利於實時處理；背景圖像差分法受環境光線影響較大，邊緣噪聲明顯，同時有明顯的動態拖影；幀間差分法同樣在相鄰幀之間運算時受環境光線變化影響較大，由於 Kinect 的圖像幀率只有每秒 30 幀，實驗室內交流照明設備有一定頻閃，所以用幀差法處理後的圖像存在兩大問題：一是差分圖像不是理想的封閉區域，運動目標的輪廓不完整且不連續；二是圖像噪聲明顯。由於這些問題的存在，本節中的運動目標檢測方法捨棄了光流法、背景圖像差分法和幀間差分法，轉而使用圖像分割的思想尋求解決辦法。

在圖像預處理的基礎上，對二值化圖像進行了連通區域標記。在圖像中，最小的單位是像素，每個像素周圍有 8 個鄰接像素，常見的鄰接關係有 2 種：4 鄰接與 8 鄰接。4 鄰接一共 4 個點，即上下左右。8 鄰接的點一共有 8 個，包括了對角線位置的點，如圖 10-12 所示。

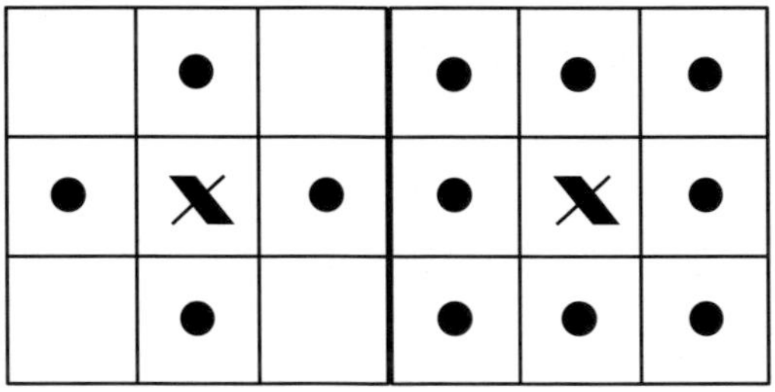

圖 10-12　像素 4 鄰接和 8 鄰接

如果像素點 A 與 B 鄰接，稱 A 與 B 連通，可以得到如下的結論：

如果 A 與 B 連通，B 與 C 連通，則 A 與 C 連通。

在視覺上看來，彼此連通的點形成了一個區域，而不連通的點形成了不同的區域。由所有彼此連通的點構成的集合，稱為一個連通區域。

算法流程如下：

① 像素 p_i 是否為 0（黑色），如果是，則繼續執行②，否則執行⑤；

② 像素 p_i 的 8 鄰域內是否有已被標記的像素，如果是，則繼續執行③，否則執行④；

③ 將像素 p_i 賦予 8 鄰域內第一個已標記像素相同的標記 m_j，跳出循環，轉到⑤執行；

④ 增加一個新的標記 m_{j+1}，並用 m_{j+1} 將像素 p_i 標記，繼續執

行⑤；

　　⑤ 是否最後一個像素，如果不是，則取下一個像素 $p_{i+1} \rightarrow p_i$，轉到①；如果是，則結束。

　　經過以上算法處理，每個深色區域都將被分配一個編號，從而把圖像分割成一個又一個獨立的區域，將不同的區域按不同的顏色著色可以得到如圖 10-13 所示。

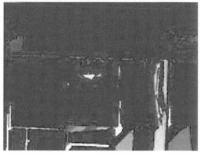

圖 10-13　區域分割效果圖

　　在圖像分割處埋後，透過對分割區域進行選取得到目標區域，由於目標在圖像上並不完整，可能被識別為多個不同的區域。所以採用區域生長法的思想，在已選取的目標區域邊界上遍歷，查找附近小於閾值的其他區域，然後將符合條件的區域並入到目標區域，從而可以獲得完整的目標圖像，還可以過濾掉其他非目標區域，最終識別效果如圖 10-14 所示。

圖 10-14　識別效果圖

（2）Vicon 多攝影頭系統

Vicon 是英國 OML 公司生產的光學動作捕捉 Motion Capture 系統。它是世界上第一個設計用於運動捕捉的光學系統。它用一組網路連接的 Vicon MX 運動捕捉攝影機和其他設備建立起一個完整的三維運動捕獲系統，以提供實時光學數據，這些數據可以被應用於實時在線或者離線的運動捕捉、分析，應用領域涉及動畫製作、虛擬現實系統、機器人遙控、互動式遊戲、體育訓練、人體工程學研究、生物力學研究等方面。

Vicon 運動捕捉系統採用與網路連接的捕捉攝影機和相應設備捕捉實時的光學數據，提供基於 DYNACAL 系統的純動態校準結構，並透過硬件完成全自動三維數據重建、跟蹤器自動識別等功能。該系統透過同一採樣時間不同攝影機對在掃描空間內運動的反光球的像進行運算，得出反光球該時刻在空間的三維座標，根據這些座標進行運動學分析，可以得到研究對象的位移、速度、加速度以及動量和動能等物理量的變化規律[169]。實驗室配備的 Vicon 多攝影頭系統如圖 10-15 所示。

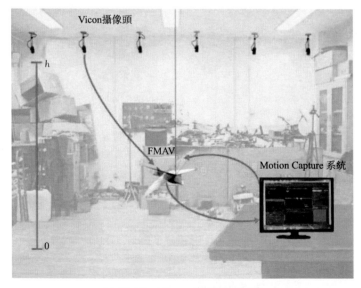

圖 10-15　Vicon 多攝影頭系統

Vicon 多攝影頭系統配備有自己的上位機軟體 Vicon IQ，該軟體具有智能數據處理的功能，主要安裝於配有 Microsoft 公司 Windows XP 操作系統的電腦中，能夠實時監控顯示攝影頭視角範圍內的撲翼機的位置

姿態資訊，不需要自主設計上位機軟體。Vicon 多攝影頭系統作為仿生撲翼飛行機器人的位置和姿態的定位系統具有精度高、操作簡單的特點。但是，目前 Vicon 的造價昂貴，裝配場地要求高，限制了其在撲翼飛行機器人研究方面的應用。

10.1.3　系統上位機設計

Vicon 多攝影頭系統配備有自己的上位機軟體，但 Kinect 並沒有配備相應的上位機軟體，因此在室內定高飛行實驗中，需要設計基於 Kinect 的目標識別檢測與跟蹤和數據通訊於一體的上位機軟體。

Kinect for Windows SDK[170] 能夠為開發者提供編寫 Kinect 功能 Windows 程序的 API 和工具。就像它的名字所顯示的那樣，Kinect for Windows SDK 只能運行在 32 位或者 64 位的 Windows 7 及以上版本的操作系統上。在本上位機的開發過程中使用了 1.8 版本的 SDK，系統環境為 64 位的 Windows 10，開發環境為 Visual Studio 2015 企業版。

基於 Kincct 開發的應用程序[171] 最開始需要用到的對象就是 KinectSensor 對象，該對象直接表示 Kinect 硬件設備。KinectSensor 對象是想要獲取的數據，包括彩色影像數據，景深數據和骨骼追蹤數據的源頭。

從 KinectSensor 獲取數據最常用的方式是透過監聽該對象的一系列事件。每一種數據流都有對應的事件，當該類型數據流可用時，就會觸發該事件。每一種數據流都以幀為單位。例如，ColorImageStream 當獲取到了新的數據時就會觸發 ColorFrameReady 事件。

如圖 10-16 所示，Kinect 獲取彩色數據流包含以下幾個步驟。第一步，在軟體運行時，將檢查 Kinect 傳感器的連接狀態，如果 Kinect 傳感器已連接則進行繼續執行；第二步使能 ColorImageStream；第三步為 Kinect 傳感器註冊 ColorFrameReady 事件，當彩色圖像準備完畢以後將會觸發該事件函數；第四步啓動 Kinect 傳感器，此後每秒將觸發 30 次 ColorFrameReady 事件，當 ColorFrameReady 事件被觸發後，可以在該事件函數中使用 OpenColorImageFrame 方法提取幀數據，然後使用 CopyPixelDataTo 方法獲取像素數據，最後將獲取到的像素數據顯示在圖像控件中。在關閉軟體之前，首先要註銷 ColorFrameReady 事件釋放占用的系統資源，然後再停止 Kinect 傳感器。

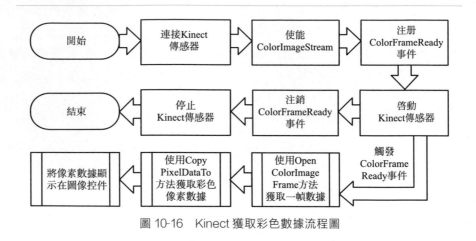

圖 10-16　Kinect 獲取彩色數據流程圖

　　和許多輸入設備不一樣，Kinect 能夠產生三維數據，它有紅外發射器和攝影頭。和其他 KinectSDK，如 OpenNI 或者 Libfreenect 等 SDK 不同，微軟的 KinectSDK 沒有提供獲取原始紅外數據流的方法，相反，KinectSDK 從紅外攝影頭獲取的紅外數據後，對其進行計算處理，然後產生景深影像數據。景深影像數據從 DepthImageFrame 產生，它由 DepthImageStream 對象提供。

　　和其他攝影機一樣，近紅外攝影機也有視場。Kinect 攝影機的視野是有限的，如圖 10-17 所示。

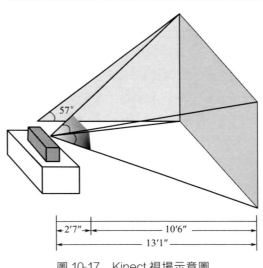

圖 10-17　Kinect 視場示意圖

　　紅外攝影機的視場是金字塔形狀的，離攝影機近的物體比遠的物體擁有更大的視場橫截面積。這意味著影像的高度和寬度，比如 640×480 和攝影機視場的物理位置並不一一對應，但是每個像素的深度值是和視場中物體離攝

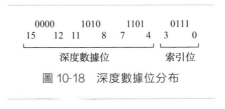

圖 10-18　深度數據位分布

影機的距離是對應的。深度幀數據中，每個像素占 2 個字節。每一個像素的深度值只占用了 16 位中的 12 位，如圖 10-18 所示。

　　如圖 10-19 所示，DepthImageStream 的使用和 ColorImageStream 的使用類似。DepthImageStream 和 ColorImageStream 都繼承自 ImageStream，可以像從 ColorImageStream 獲取數據生成圖像那樣生成景深圖像。

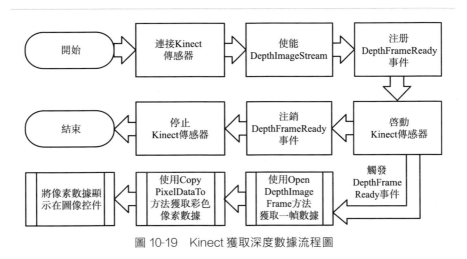

圖 10-19　Kinect 獲取深度數據流程圖

　　由於 Kinect 的彩色數據流和深度圖像數據流來自不同的攝影機，所以獲取圖像的大小和邊界並不完全一致，需要對齊圖像，才能同時使用深度圖像和彩色圖像進行圖像處理。由於這兩個攝影機位於 Kinect 上的不同位置，導致產生的影像不能夠疊加到一起。就像人的兩隻眼睛一樣，當你只睜開左眼看到的景象和只睜開右眼看到的景象是不一樣的，人腦將這兩隻眼睛看到的景物融合成一幅合成的景象。

　　KinectSDK 提供了一些方法來方便進行這些轉換，這些方法位於 KinectSensor 對象中，分別為 MapColorFrameToDepthFrame 方法和 MapDepthFrameToColorFrame 方法。如圖 10-20 所示，可以發現深度相機所獲取的深度圖像的視場範圍要小於彩色相機所獲取的彩色圖像的視場，

所以使用 MapDepthFrameToColorFrame 方法來將深度影像中的數據點對應到彩色影像中去。

圖 10-20　深度圖像和彩色圖像

使用 MapDepthFrameToColorFrame 方法後，將返回一個 ColorImagePoint 類型的數組，該數組中存放著彩色影像中與深度圖像對齊的像素點，用這個新的像素點集合繪製圖像可以得到如圖 10-21 所示的對齊後的圖像。因為深度圖像的視場要小於彩色圖像的視場，所以深度圖像向彩色圖像對齊後，有一部分彩色像素點由於沒有對應的深度像素點而丟失。經過此操作就可以得到帶有深度資訊的彩色圖像，如圖 10-21 所示。

圖 10-21　深度圖像和彩色圖像對齊

最終完成如圖 10-22 所示的上位機界面。

圖 10-22　上位機界面

　　按照不同模塊的作用將上位機主體界面劃分為了三大部分，包括一大一小兩個圖像顯示窗口和一個功能操作集合。其中，兩個圖像窗口一個顯示原始圖像，一個顯示處理後的圖像，在小窗口的左上角有一個切換按鈕，單擊切換按鈕後將交換兩個窗口的顯示圖像。默認情況下，左側大的圖像窗口顯示處理後的圖像，右上方小的圖像窗口顯示原始圖像，當出現問題時，將原始圖像切換到大圖像窗口，方便調試。第三部分是控制功能區，根據不同的功能分成了 4 個可切換頁面，根據不同的標籤，可以在同一塊區域顯示不同的控制內容，簡化了上位機界面，使上位機看起來更加簡潔美觀。

　　如圖 10-23 所示，第一個標籤頁為顯示設置，主要是 Kinect 的控制操作和圖像顯示與處理相關操作。其中「像素資訊」具有游標在左側圖像顯示部分單擊左鍵後，透過獲取游標相對圖像的像素點的位置，從而定位到相應的像素點，然後將點擊位置像素點的 X 座標，Y 座標和深度顯示出來的功能。下面「顯示深度圖像」「顯示彩色圖像」和「顯示校正圖像」是切換標籤頁上方的圖像小窗口內顯示的圖像類型，其中默認顯示 Kinect 獲取的深度圖像，單擊「顯示彩色圖像」將使相應的圖像顯示窗口切換為彩色圖像顯示，單擊「顯示校正圖像」將在相應的圖像顯示窗口顯示深度圖像和彩色圖像對齊之後的圖像。

　　如圖 10-24 所示，第二個標籤頁為序列埠設置，由於要與仿生撲翼飛行機器人的控制電路板進行通訊，所以在上位機中加入了序列埠通訊功能。此標籤頁內的功能即為選擇初始化序列埠通訊的基本參數，其中軟體運行和單擊序列埠號下拉菜單時，都會刷新電腦可用序列埠，並將可用的序列埠號顯示在下拉菜單中。

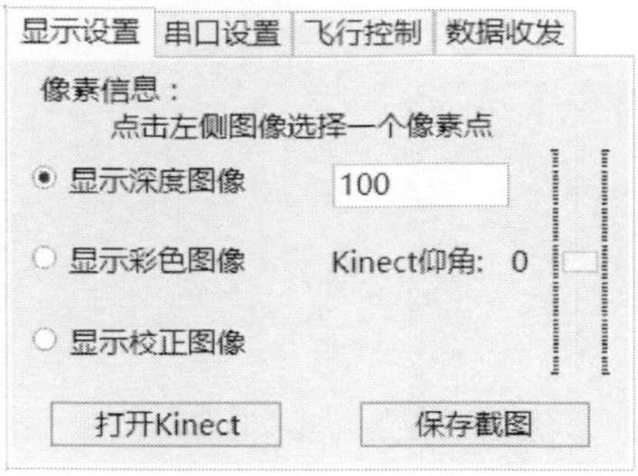

圖 10-23　顯示設置標籤頁 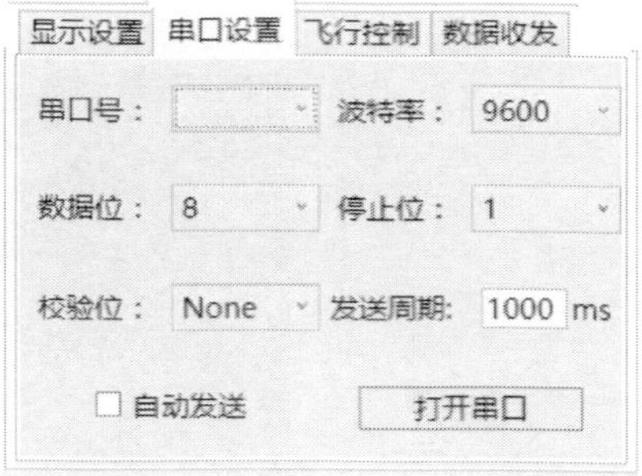　　　　圖 10-24　序列埠設置標籤頁

　　波特率是序列埠通訊過程中重要的參數，不同的序列埠之間要保證通訊的穩定性與可靠性，需要工作在相同的波特率下，在本上位機中可選的波特率為「1200、2400、4800、9600、19200、38400、115200、230400、460800」共 9 種，基本涵蓋了常用的波特率情況，默認波特率為 9600。

　　數據位是衡量通訊中實際數據位的參數。當電腦發送一個資訊包時，實際的數據不會是 8 位的，標準的值是 5、6、7 和 8 位。如何設置取決於傳送的資訊，比如，標準的 ASCII 碼是 0～127（7 位），擴展的 ASCII 碼是 0～255（8 位）。如果數據使用簡單的文本（標準 ASCII 碼），那麼每個數據包使用 7 位數據。每個包是指一個字節，包括開始/停止位、數據位和奇偶校驗位。由於實際數據位取決於通訊協議的選取，術語「包」指任何通訊的情況。在本上位機中可選的數據位數為「8、7、6」三種，默認數據位為 8 位。

　　停止位用於表示單個包的最後一位。典型的值為 1 位、1.5 位和 2 位。由於數據是在傳輸線上定時的，並且每一個設備有其自己的時鐘，很可能在通訊中兩台設備間出現了小小的不同步。因此停止位不僅僅是表示傳輸的結束，並且提供電腦校正時鐘同步的機會。適用於停止位的位數越多，不同時鐘同步的容忍程度越大，但是數據傳輸率同時也越慢。本軟體中可選的停止位的值包含了所有的典型值，分別為「1、1.5、2」，默認值為 1。

　　校驗位是在序列埠通訊中一種簡單的檢錯方式。有四種檢錯方式：偶、奇、高和低。對於偶和奇校驗的情況，序列埠會設置校驗位（數據位後面的一位），用一個值確保傳輸的數據有偶數個或者奇數個邏輯高位。例如，如果數據是 011，那麼對於偶校驗，校驗位為 0，保證邏輯高的位數是偶數

個。如果是奇校驗，校驗位為 1，這樣就有 3 個邏輯高位。高位和低位不是真正的檢查數據，簡單置位邏輯高或者邏輯低校驗。這樣使得接收設備能夠知道一個位的狀態，有機會判斷是否有噪聲干擾了通訊或者傳輸和接收數據是否不同步。本軟體中包含了「None（無校驗）、Odd（奇校驗）和 Even（偶校驗）」三種，默認為無校驗。發送週期配合自動發送使用，當自動發送被勾選的情況下，打開序列埠後將按設定的發送週期自動發送數據內容。當以上所有參數選擇完畢後，單擊打開序列埠按鈕即可觸發相應的時間，在檢查所有參數正常之後，上位機將初始化序列埠，將序列埠置於可用狀態，然後就可以使用序列埠與配對的序列埠進行通訊了。

如圖 10-25 所示，第三個標籤頁是飛行控制，此標籤頁是結合 Kinect 圖像處理結果對仿生撲翼飛行機器人飛行進行控制的主要區域。當 Kinect 被啓動後，將目標置於較為空曠、背景與目標有明顯區分的場景下，可以透過處理後的圖像過濾掉背景干擾，從而保留目標區域。透過對保留下的目標區域的像素點進行加權平均，可以得到目標區域相對於 Kinect 座標系的 X 座標、Y 座標和深度 D，已知 Kinect 的水平角度為 $\theta = 57°$，垂直角度為 $\varphi = 43°$，圖像的解析度為 H 瘙籤 W，那麼假設實際像素點 $P_i = (x_i, y_i, d_i)$，則其與 Kinect 所捕獲的圖像中心的水平夾角為 $\alpha_i = \left(x_i - \dfrac{H}{2}\right)\theta / H$，垂直夾角為 $\beta_i = -\left(y_i - \dfrac{W}{2}\right)\varphi / W$，由此可以得出實際像素點 $P_i = (x_i, y_i, d_i)$ 與所在截面的實際深度為 $d'_i = d_i \cos\alpha_i \cos\beta_i$，從而得出 $P_i = (x_i, y_i, d_i)$ 與圖像中心的實際高度差為 $\Delta h = d'_i \tan\beta_i$。在 Kinect 保持水平的情況下，假設 Kinect 的物理高度為 h，則目標的相對高度為 $h' = h + \Delta h$。

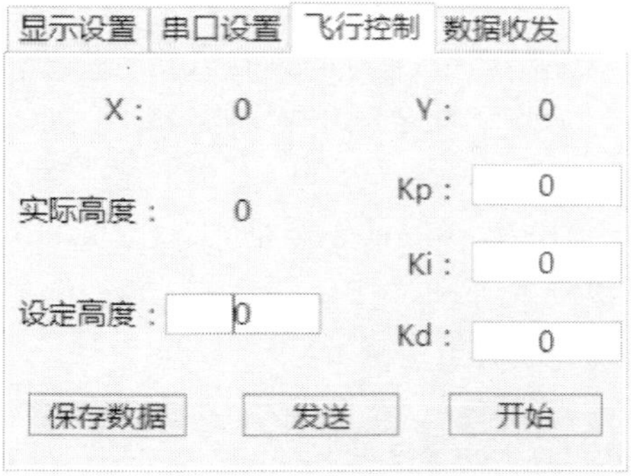

圖 10-25　飛行控制標籤頁

在實驗中選取跟蹤目標（仿生撲翼飛行機器人）相對於 Kinect 座標系的高度為實際高度，在此控制區域可以實時顯示物體的 X 座標、Y 座標和實際高度，然後可以手動輸入設定飛行高度，實驗中使用 PID 進行仿生撲翼飛行機器人飛行高度閉環控制，在左側三個文本框中可以手動修改 P、I 和 D 的參數值，在打開序列埠的狀態下，點擊開始按鈕後，上位機將在每次圖像處理完畢後將仿生撲翼飛行機器人的實際高度、設定高度以及 P、I、D 三個參數值，透過序列埠發送給仿生撲翼飛行機器人的控制電路板，然後仿生撲翼飛行機器人可以在控制電路板的控制下，根據視覺反饋回來的高度值計算相應的高度差，計算相應的高度差，調用 PID 算法實現自動調節飛行高度的目標。同時，在調試過程中可以單擊保存數據按鈕，這樣就可以把飛行調試過程中上面涉及的所有數據以文本的形式保存到本地磁盤，方便後期繪製曲線觀察控制效果。

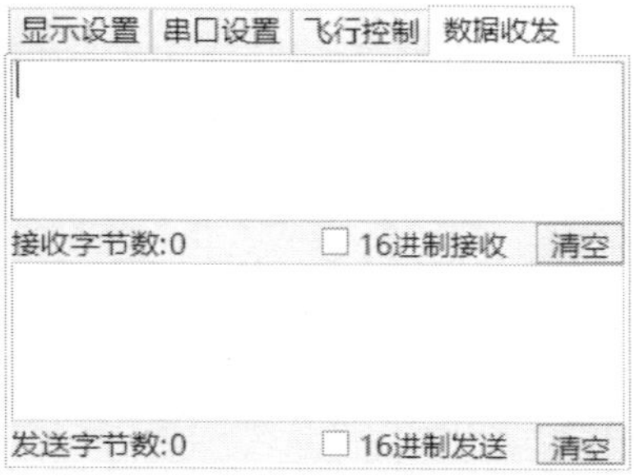

如圖 10-26 所示，第四個標籤頁為數據收發，此區域主要用來進行序列埠功能調試和收發數據的顯示，上面的文本框為接收數據顯示區域，下面的文本框為發送數據顯示區域。當序列埠接收到新的數據時就會刷新接收數據顯示區域，將新接收到的數據顯示在該區域內，同時接收的字節數會自動累加。如果在下方的發送數據區域輸入要發送的數據，然後在「飛行控制」頁面點擊發送即可將數據發送出去，

圖 10-26　數據收發標籤頁

送出去，同時發送的字節數會自動累加，如果在「序列埠設置」頁面選擇了「自動發送」功能，則將自動循環發送數據發送區域的所有內容。默認的發送和接收都是以字元的方式進行，如果選擇了「16 進制接收」或者「16 進制發送」則會以相應的數據形式進行接收和發送，發送和接收的數據格式必須一致，否則將出現亂碼，無法得到正確的資訊。上方的「清空」按鈕的作用是清空接收數據區域顯示內容，同時清空接收字節計數。同理，下方的「清空」按鈕的作用是清空發送數據區域內容，同時清空發送字節計數。

10.1.4　視覺反饋飛行控制實驗

為了實現仿生撲翼飛行機器人的自主控制，在硬件電路和上位機基

礎上，設計了仿生撲翼飛行機器人的室內飛行控制實驗。本節將首先介紹實驗所用到的仿生撲翼飛行機器人的模型，然後介紹仿生撲翼飛行機器人室內飛行實驗的過程。

由於仿生撲翼飛行機器人的製作比較複雜，對機械模型和驅動機構要求較高，考慮到工作的重點不是重新設計一款仿生撲翼飛行機器人的機械結構，而是完成仿生撲翼飛行機器人的自主控制。所以本章選擇了一款飛行穩定性良好的玩具仿生撲翼飛行機器人進行改裝。透過將原來的遙控接收元件替換為自主設計的飛行控制板，改裝後的仿生撲翼飛行機器人重量為 14.1g，翼展為 20cm，改裝後的模型如圖 10-27 所示，該仿生撲翼飛行機器人使用 614 空心杯電動機驅動，帶動齒輪組轉動，使用四連桿作為傳動機構，使得驅動電動機轉動時兩邊的翅膀可以同步撲動，從而產生撲翼飛行所需要的推力和升力。

為了驗證改裝的仿生撲翼飛行機器人的自主飛行效果，本章分別使用

圖 10-27　改裝後的仿生撲翼飛行機器人模型

Kinect 深度攝影頭和 Vicon 多攝影頭系統作為視覺測量傳感器，進行了仿生撲翼飛行機器人室內飛行實驗，基於 Kinect 的實驗形式如圖 10-28 所示。

透過使用外置的 Kinect 作為視覺高度測量傳感器，完成了一個仿生撲翼飛行機器人飛行高度閉環控制實驗。為了防止仿生撲翼飛行機器人損壞並且使仿生撲翼飛行機器人停留在 Kinect 圖像測量範圍內，使用繩子將仿生撲翼飛行機器人吊在了實驗室內。利用特定開發的上位機軟體，可以將仿生撲翼飛行機器人飛行時的位置實時轉化為 (x,y,z) 座標，然後上位機將透過藍牙發送給飛行控制板，同時發送設定的飛行高度 Z_d 和實際的飛行高度 Z。這裡採用 PID 控制作為仿生撲翼飛行機器人自主定高飛行的控制方法，根據設定飛行高度和實際飛行高度可以得到飛行高度的偏差 $e(t)=z_d-z$，由此可得到如式 (10-9) 所示的 PID 控制算法：

$$u(t) = K_p e(t) + K_i \int_0^t e(t)\mathrm{d}t + K_d \frac{\mathrm{d}e(t)}{\mathrm{d}t} \tag{10-9}$$

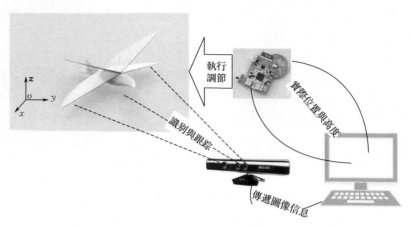

圖 10-28　基於 Kinect 的撲翼飛行機器人飛行實驗

　　經過多次實驗調試，最終實驗取得較為滿意的效果。當設定仿生撲翼飛行機器人的飛行高度為 1.73m（1730mm）時，仿生撲翼飛行機器人經過 PID 調節，穩定後的實際高度在參考高度附近上下波動，多數時間波動範圍在上下 2cm 以內，偶爾會波動超過 5cm，整體控制效果良好。圖 10-29 顯示了仿生撲翼飛行機器人參考高度和實際飛行高度。

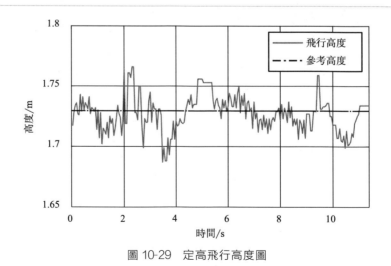

圖 10-29　定高飛行高度圖

　　利用 Kinect 採集的三維數據，經過座標變換後繪製瞭如圖 10-30 所示的飛行軌跡圖。從三維圖像來看，撲翼在三維空間中做盤旋運動，但是由於只控制了仿生撲翼飛行機器人的高度，所以飛出來的盤旋軌跡不

夠圓滑，但是高度基本穩定。

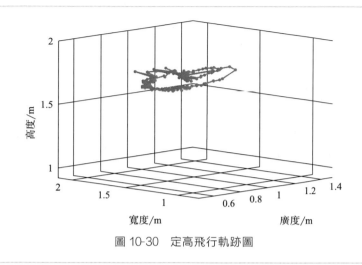

圖 10-30　定高飛行軌跡圖

基於 Vicon 多攝影頭系統的室內定高飛行實驗示意圖如圖 10-31 所示。

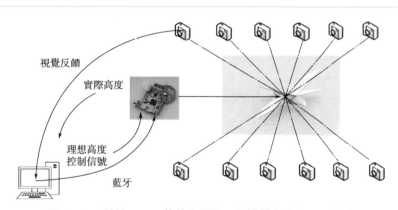

視覺反饋

實際高度

理想高度
控制信號

藍牙

圖 10-31　基於 Vicon 的仿生撲翼飛行機器人定高飛行實驗

　　與基於 Kinect 的實驗類似，為了防止仿生撲翼飛行機器人損壞並且使仿生撲翼飛行機器人停留在多個 Vicon 攝影頭的圖像測量範圍內，使用繩子將仿生撲翼飛行機器人吊在了實驗室內。利用 Vicon 自帶的上位機軟體，可以得到仿生撲翼飛行機器人飛行時的位置(x, y, z)座標，然後上位機將透過藍牙發送給飛行控制板，同時發送設定的飛行高度 Z_d 和實際的飛行高度 Z。同樣採用式(10-9) 的控制算法，經過多次試驗調試，最終試驗取得較為滿意的效果。如圖 10-32 所示的是第一次試驗數據結果，點畫線代表設定高度 Z_d，實線代表實際高度 Z，點畫線和虛線分別

代表 x 和 y。當設定高度為 $0.75\mathrm{m}$，透過控制算法，實際高度很好的跟蹤了設定高度，在小誤差內實現了定高飛行。

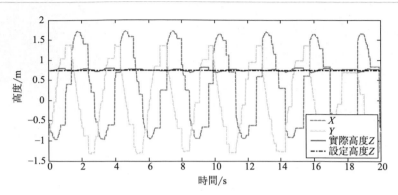

圖 10-32　基於 Vicon 的定高飛行實驗結果（一）

圖 10-33 顯示的是高度階躍響應時的實驗數據結果，當設定高度 Z_{d} 在 $4.5\mathrm{s}$ 時由 $0.83\mathrm{m}$ 變化為 $0.4\mathrm{m}$ 時，實際高度 Z 也能迅速跟蹤，調節時間大約為 $0.6\mathrm{s}$，並且在 $10.5\mathrm{s}$ 後趨於穩定。

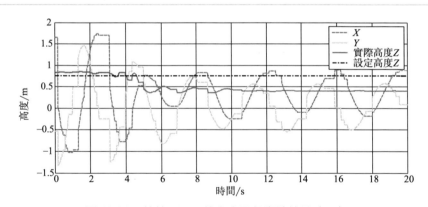

圖 10-33　基於 Vicon 的定高飛行實驗結果（二）

由實驗結果圖可知，仿生撲翼飛行機器人實際飛行的高度和設定的參考高度之間存在一些誤差，這些誤差主要來自以下幾點。

① 在仿生撲翼飛行機器人飛行過程中是透過控制電動機轉速改變仿生撲翼飛行機器人翅膀撲動的頻率，但實際上仿生撲翼飛行機器人翅膀撲動時不僅產生升力，也產生推力，所以仿生撲翼飛行機器人飛行的實際高度和撲翼的頻率是非線性的，單獨控制撲翼頻率不容易獲得穩定的高度。

② 仿生撲翼飛行機器人的空氣動力學模型尚不明確，仿生撲翼飛行機器人翅膀撲動的頻率、飛行時機身的攻角、機翼的柔性程度和用來懸掛仿生撲翼飛行機器人的繩子對仿生撲翼飛行機器人的穩定飛行有影響。

③ 試驗中上位機和飛行控制板之間的通訊存在時延影響。

④ 無論是 Kinect 深度攝影頭，還是 Vicon 多攝影頭捕捉系統，在獲得撲翼機位置資訊時都不可避免地存在實驗誤差。

10.2 自主起飛

自主起降是無人機研究的一個焦點，具有極大的難度與挑戰性，如果能完成仿生撲翼飛行機器人自主起飛的任務，是對仿生撲翼飛行機器人的控制算法的一種肯定，也是對仿生撲翼飛行機器人性能的提升。具有自主起降能力的仿生撲翼飛行機器人是一個極具挑戰性的多學科交叉的前沿性研究課題，撲翼飛行機器人無法像現實中的鳥類一樣原地振翅起飛，需要利用運載車搭載仿生撲翼飛行機器人加速，給仿生撲翼飛行機器人的起飛提供初速度，完成仿生撲翼飛行機器人自主起飛的任務[172]。本實驗可以用來測定仿生撲翼飛行機器人起飛的最小初速度和仿生撲翼飛行機器人自主起飛的其他參數。

10.2.1 運載車結構設計

本實驗的目標為：藉助載具携帶仿生撲翼飛行機器人到達指定地點，然後實現仿生撲翼飛行機器人的定點投放與自主起飛，實現該目標需要一台合適的載具。該載具需具備以下條件[173]：

① 具備易改裝的優點以便於加裝各類傳感器；

② 具備一定的減震能力，可以在非良好路面條件下行駛；

③ 具備良好的負載能力。

為滿足上述條件，本實驗選購了一台遙控四驅車，並對其加以改裝，改裝過程如下。

① 車載控制電路的換裝。原車所帶電路只具有控制運載車速度與方向的功能，在起飛實驗中需要用到速度控制、通訊等複雜功能，因此自帶的電路無法滿足要求。我們重新設計並製作了該車的控制電路板並編寫了程序，實驗結果證明瞭程序有效性。

② 加裝車載傳感器。為實現運載車的速度控制，需要在車身上加裝

一枚編碼器以實現速度閉環，測得運載車的實時速度並應用 PID 控制方法實現運載車的勻速行駛。根據車上電動機輸出齒輪位置與車身安裝孔的關係設計一個合適的安裝支架，利用 Solidworks 建立零部件的三維模型並利用 3D 列印機快速加工製作。

③ 加裝起飛支架。拆除運載車的外殼後，利用車身機架上的螺絲孔位安裝起飛支架。支架的作用是為仿生撲翼飛行機器人的起飛提供支撐，可以起到固定仿生撲翼飛行機器人並為之改變起飛角度的作用。此外，起飛架的難點還包括仿生撲翼飛行機器人的固定裝置，其作用為起飛前固定仿生撲翼飛行機器人，但是不能影響仿生撲翼飛行機器人的正常自動起飛。自主起飛裝置安裝示意圖如圖 10-34 所示。

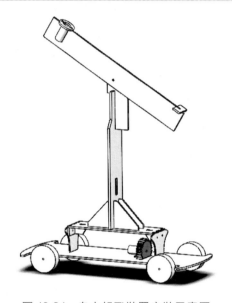

圖 10-34　自主起飛裝置安裝示意圖

10.2.2　軟硬件系統設計

由圖 10-35 可知，自主起飛系統由四個部分組成，包括遙控器、運載小車、仿生撲翼飛行機器人和地面監控系統，遙控器發出起飛和停止的訊號，控制整個系統的啓動和停止，當遙控器發出起飛訊號後，運載車根據遙控器的設定，精確地加速到指定的速度，當車速達到運載車起飛所設定的閾值時，這時運載車上的仿生撲翼飛行機器人會開始撲動翅膀脫離車身，完成自主起飛，由於風阻，路面顛簸等不可控因素，撲翼

機俯仰角可能會發生變化，因此在機身上加裝力傳感器，能夠根據仿生撲翼飛行機器人的受力狀況，自動調節俯仰角度，抵消這些干擾，輔助完成自主起飛實驗。系統工作的流程圖如圖 10-36 所示。

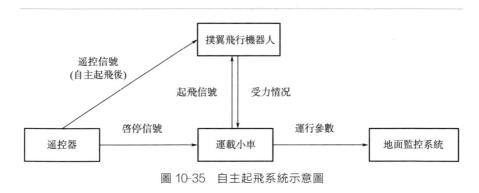

圖 10-35　自主起飛系統示意圖

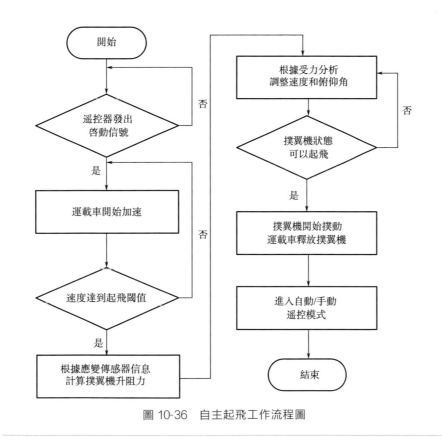

圖 10-36　自主起飛工作流程圖

自主起飛系統需要根據運載車的速度和仿生撲翼飛行機器人飛行時

的受力情況來控制自主起飛，要求對自主起飛運載車車速和升阻力進行精確控制。該自主起飛系統利用電動機編碼器可以採集運載車的速度；利用應變傳感器可以採集撲翼機器人起飛過程升阻力數據，為閉環控制提供輸入參數資訊，最終使得仿生撲翼飛行機器人實現平穩的自主起飛。

（1）系統架構簡介

自主飛行仿生撲翼飛行機器人系統主要由運載車、仿生撲翼飛行機器人和地面監控系統等組成。運載車所採用的飛行控制芯片是STM32F103C8T6，控制板包括應變傳感器、編碼器和遙控接收機。其中應變傳感器監控著仿生撲翼飛行機器人起飛過程受力狀態；編碼器監測起飛過程運載車的行駛速度；遙控接收機用來接收遙控器發出的啓動和停止訊號，起飛完成後透過遙控器遙控撲翼機飛行。仿生撲翼飛行機器人由無線接收機和撲翼機體組成。其中無線接收機用來實現與運載車的數據通訊，完成發送撲翼機俯仰角度資訊的功能；地面監控系統由無線接收機和匿名地面站構成，用來接收傳感器返回的數據。匿名地面站界面如圖 10-37 所示。

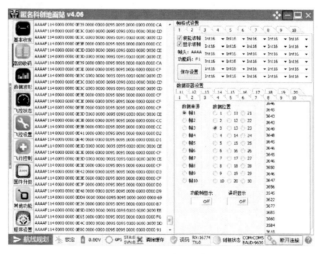

圖 10-37　匿名地面站界面

（2）系統的軟體設計

系統的輸入量包括運載車系統的速度和仿生撲翼飛行機器人系統的受力狀態，這部分軟體部分採用增量式 PID 控制，由於自主起飛系統需要精確測量自主起飛時刻的起飛速度和升阻力大小，所以對速度和俯仰角有控制要求。

增量式 PID 是指數位控制器的輸出只是控制量的增量 $\Delta u(k)$。採用增量式算法時，電腦輸出的控制量 $\Delta u(k)$ 對應的是本次執行機構位置的增量，而不是對應執行機構的實際位置，因此要求執行機構必須具有對控制量增量的累積功能。這部分在控制器 STM32F103C8T6 的內部可以設計軟體實現，增量式 PID 控制方法的優點是控制器芯片每次只處理輸出控制增量，即對應執行機構位置的變化量，故編碼器的採集出現錯誤時影響範圍小，不會嚴重影響飛行過程。對於姿態控制，僅考慮對自主起飛影響最大的俯仰角進行處理，這樣大大減少控制芯片的處理時間。俯仰角和速度 PID 控制流程圖如圖 10-38、圖 10-39 所示。

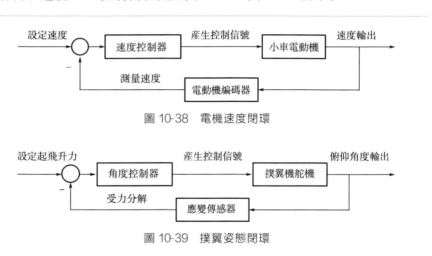

圖 10-38　電機速度閉環

圖 10-39　撲翼姿態閉環

應用速度和姿態的 PID 閉環控制，能夠提高自主起飛的穩定性和精確性，提高自主起飛的成功率。首先設置運載車速度和撲翼機起飛時刻升力閾值參考值，運載車接收到開始訊號後，由速度閉環控制器跟蹤速度參考值，由姿態閉環解算出撲翼機實時升力，經 PID 控制實現跟蹤升力閾值。

（3）系統的硬件設計

系統的硬件架構如圖 10-40 所示，硬件系統包括兩個部分：運載車控制電路和仿生撲翼飛行機器人飛行控制電路，本節著重講解仿生撲翼飛行機器人飛行控制電路。

自主起飛控制板結構圖如圖 10-41 所示。由於仿生撲翼飛行機器人的載重比較小，因此選擇集成度較高且精度較好 STM32F103 控制器，飛控電路板重量控制在 3g 以內。同時，由於需要採集和處理數據，進行 PID 運算，並輸出控制訊號，所以使用 MPU6050 進行俯仰角採集，MPU6050 是一個採用 QFN 封裝的複合芯片（MCM），封裝大小只有

3mm×3mm×1mm 大小，非常適合用於輕小型電路板設計。MPU6050
由兩個部分組成，一部分是 3 軸加速度計和 3 軸陀螺儀，另一部分是數
據處理子模塊 DMP，已經內置了濾波算法，可用於完成姿態解算，提供
反饋的俯仰角訊號。

圖 10-40　自主起飛的硬件架構

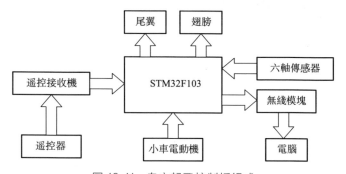

圖 10-41　自主起飛控制板組成

　　俯仰角資訊被主控芯片讀入，進入軟體的姿態反饋環，主控芯片產
生舵機的控制訊號，調整撲翼飛行機器人的姿勢和撲動速度，無線模塊
接受運載車的速度訊號，速度訊號達到起飛閾值，會觸發飛行動作。

10.2.3　自主起飛實驗過程

　　實驗場景如下：在室內模擬無風環境，運載車與仿生撲翼飛行機器
人之間透過藍牙實現通訊，運載車支架迎風面的位置裝有應變傳感器，
透過應變傳感器返回的數據與支架的攻角進行力的分解計算便可得到近
似的升推力，力的分解如圖 10-42 所示。

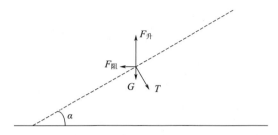

圖 10-42　仿生撲翼飛行機器人在運載車支架上受力分析

　　圖 10-42 表示仿生撲翼飛行機器人隨運載車勻速向右直線運動時的受力分析示意圖，仿生撲翼飛行機器人受到迎面氣流産生的竪直向上的升力 $F_{升}$ 和水平向左的阻力 $F_{阻}$，以及撲翼飛行器自身重力 G 和運載車支架對其施加的拉力 T，其中阻力 $F_{阻}$ 由應變傳感器測量，升力 $F_{升}$ 計算公式如下：

$$F_{升}=F_{阻}/\tan\alpha+G \qquad\qquad (10\text{-}10)$$

　　應變傳感器返回的數據是電壓值，電壓值與受力之間的曲線關係與材料有關，為了得到電壓值與支架真正受力的關係曲線，透過以下步驟測得：在支架懸吊砝碼，然後得出該重力下的電壓值，改變砝碼的質量，可以得到多組數值，如圖 10-43 所示。

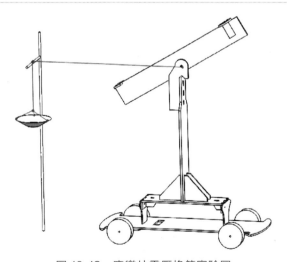

圖 10-43　應變片電壓換算實驗圖

　　透過 MATLAB 對採集的數據進行最小二乘法擬合，可以得到電壓值變化量與受力之間的對應關係式：$y=0.975+0.0259x$，如圖 10-44 所

示。測速編碼器返回的數據是每秒脈衝個數，要得到運載車實際速度還需要對其進行轉換，懸空狀態下使用頻閃儀測量運載車轉速與測速編碼器實時反饋值的對應關係，利用 MATLAB 對採集的數據進行最小二乘法擬合，可以得到運載車轉速與測速編碼器之間的對應關係式：$y = 0.397 + 9.4x$，如圖 10-45 所示。

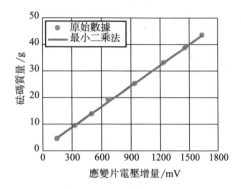

圖 10-44　應變片電壓增量與砝碼質量對應關係

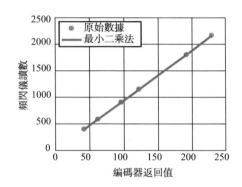

圖 10-45　編碼器返回值與頻閃儀讀數對應關係

　　經測量，運載車車輪周長 0.235m，車輪有 5 個輪輻，進一步可得編碼器返回值與運載車實際速度關係式：$v \approx 0.00736x$。

　　為了得到仿生撲翼飛行機器人雙翅展平狀態下的升推力與迎風角、運載車速度的關係，實驗開始時，先設定支架的初始角度不變，控制運載車的速度，將仿生撲翼飛行機器人固定在支架上，測得運載車靜止時應變傳感器的數據，然後給運載車不同速度，記錄勻速狀態下支架上應變傳感器的數據，可得到一條電壓反饋值與仿生撲翼飛行機器人受力關係曲線，透過式(10-10) 即可得到這一速度下的升力。改變運

載車支架迎風角，重復多次實驗即可得到不同迎風角、速度下升推力的曲線關係。

10.2.4 數據分析

將實驗採集的數據用散點圖顯示出來，有助於分析數據之間的函數關係，取迎風角 $\alpha = 10°$，設定 6 種不同速度 0.5、0.65、0.8、0.95、1.05 及 1.25（單位：m/s），設定通訊波特率為 9600，採樣頻率為 20Hz，分別採集在運載車達到勻速運動後返回的應變傳感器電壓值及速度編碼器數值，如圖 10-46(a) 所示。

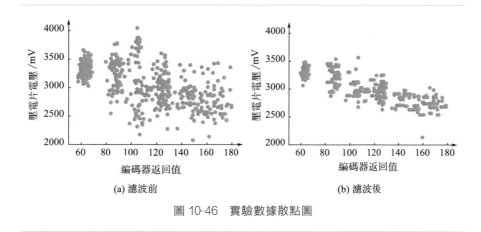

圖 10-46　實驗數據散點圖

其中，仿生撲翼飛行機器人靜止在運載車支架上時的應變傳感器電壓值為 3650mV，編碼器返回值為 0。從圖 10-46(a) 中可以看出，應變傳感器電壓值與運載車速度近似呈線性關係，但是由於運載車在行駛過程中路面不平，導致數據存在週期性的尖峰脈衝。因此需要對原始數據進行濾波處理，採用中值濾波可以過濾尖峰脈衝。濾波後的數據保留原圖像的變化趨勢，同時去除了尖峰脈衝對分析造成的影響。濾波後數據如圖 10-46(b) 所示。

利用 10.2.3 節得到的風阻與應變傳感器電壓值以及運載車速度與速度編碼器之間的換算關係，可得速度與風阻對應的散點圖，如圖 10-47 所示。對其做穩健回歸，降低異常值對回歸係數的影響，可得速度與風阻的函數關係式：$y = -1.5446 + 21.3054x$。

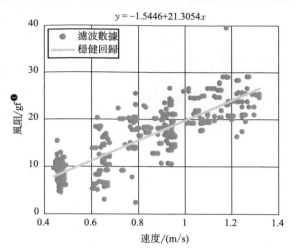

圖 10-47　仿生撲翼飛行機器人速度與風阻關係

分別取迎風角 α 為 20°和 30°，可以得到不同迎風角下速度與風阻的關係，如圖 10-48 所示。

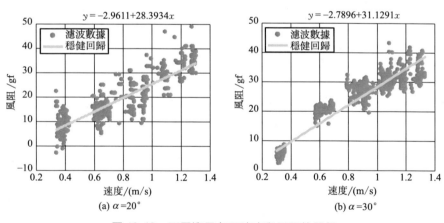

圖 10-48　不同迎風角下速度與風阻的關係

可以根據上述數據擬合出仿生撲翼飛行機器人不同迎風角、不同速度下風阻平面，由於在測量得到的數據中都存在誤差，則擬合平面的最小化的目標應該是測量點到平面距離的殘差，利用 MATLAB 編程可以得到擬合平面，如圖 10-49 所示。

---

❶1gf＝0.0098N，因風阻力太小，故採用此單位。

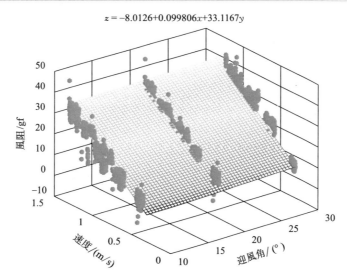

$$z = -8.0126 + 0.099806x + 33.1167y$$

圖 10-49　風阻與仿生撲翼飛行機器人速度及迎風角關係

　　利用式(10-10) 計算得出特定迎風角和速度下仿生撲翼飛行機器人受到的升力,如圖 10-50 所示。採用多項式擬合模型,得到曲面擬合函數式:
$$z = 57.33 - 16.49x + 27.34y + 6.05x^2 - 10.45xy - 1.93x^3 + 3.2x^2y。$$

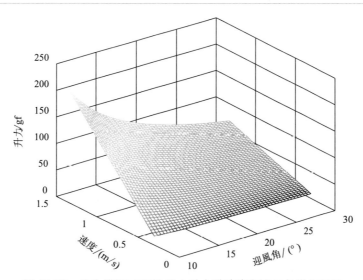

圖 10-50　仿生撲翼飛行機器人升力隨速度與迎風角變化關係

　　從圖 10-50 可以看出,相同速度條件下,迎風角越小,升力越大,

阻力越小；相同迎風角條件下，速度越快，升力增加較快，阻力增加緩慢。

10.3　本章小結

　　本章完成了仿生撲翼飛行機器人控制系統的搭建，實現了機械模型的改裝、飛行控制電路板的設計與調試和上位機控制軟體的編寫。從理論上設計了基於模型的控制器並進行了仿真驗證。在定高飛行實驗中，基於視覺反饋的上位機可以清楚地記錄仿生撲翼飛行機器人飛行的軌跡，使用 PID 控制的仿生撲翼飛行機器人定高飛行也取得了良好的實驗效果。在自主起飛實驗中，基於藍牙通訊得到起飛過程數據資訊，尋找到了仿生撲翼飛行機器人升力、阻力與運載車速度及仿生撲翼飛行機器人俯仰角等參數間的函數關係，最終完成了仿生撲翼飛行機器人的自主起飛實驗。

參考文獻

[1] 周驥平，武立新，朱興龍．仿生撲翼飛行器的研究現狀及關鍵技術[J]．機器人技術與應用，2004（6）：12-17.

[2] 袁昌盛，李永澤，譚健．微撲翼飛行器控制系統相關技術研究進展[J]．電腦測量與控制，2011，19（7）：1527-1529.

[3] Lasek M, Pietruccha J and Sibilski K. Micro air vehicle maneuvers as a control problem of flexible flapping wings [C]. AIAA Aerospace Sciences Meeting & Exhibit, 2002: 526.

[4] Pietruha J, Sibilski K, Lasek M, et al. Analogies between rotary and flapping wings from control theory point of view [C]. AIAA Atmospheric Flight Mechanics Conference and Exhibit, 2001: 6-9.

[5] Graule M A, Chirarattananon P, Fuller S B, et al. Perching and takeoff of a robotic insect on overhangs using switchable electrostatic adhesion[J]. Science, 2016, 352（6288）：978.

[6] 周建華．微型拍翅式飛行機器人翅運動及控制系統研究[D]．南京：東南大學，2005.

[7] 曾理江．昆蟲運動機理研究及其應用[J]．中國科學基金，2000，14（4）：206-210.

[8] Ellington C P, Berg C V D, Willmott A P, et al. Leading-edge vortices in insect flight [J]. Nature, 1996, 384（6610）：626-630.

[9] He W, Ge S S. Cooperative control of a nonuniform gantry crane with constrained tension[J]. Automatica, 2016, 66: 146-154.

[10] Schenato L, Deng X, Sastry S. Flight control system for a micromechanical flying insect: architecture and implementation[C]. IEEE International Conference on Robotics and Automation, 2001, 2: 1641-1646.

[11] Schenato L, Deng X, Sastry S. Hovering flight for a micromechanical flying insect: modeling and robust control synthesis [J]. IFAC Proceedings Volumes, 2002, 35（1）：235-240.

[12] Deng X, Schenato L, Wu W C, et al. Flapping flight for biomimetic robotic insects: part I-system modeling[J]. IEEE Transactions on Robotics, 2006, 22（4）：776-788.

[13] Wood R J. The first takeoff of a biologically inspired at-scale robotic insect [J]. IEEE Transactions on Robotics, 2008, 24（2）：341-347.

[14] Chung S J, Dorothy M. Neurobiologically inspired control of engineered flapping flight[J]. Journal of Guidance Control & Dynamics, 2009, 33（2）：440-453.

[15] Hamamoto M, Ohta Y, Hara K, et al. A Fundamental Study of Wing Actuation for a 6-in-Wingspan Flapping Microaerial Vehicle[J]. IEEE Transactions on Robotics, 2010, 26（2）：244-255.

[16] 陳文元．微型撲翼式仿生飛行器[M]．上海：上海交通大學出版社，2010.

[17] Ramezani A, Chung S J, Hutchinson S. A biomimetic robotic platform to study flight specializations of bats

[J]. Science Robotics, 2017, 2 (3): eaal2505.

[18] Paranjape A A, Guan J, Chung S J, et al. PDE Boundary Control for Flexible Articulated Wings on a Robotic Aircraft[J]. IEEE Transactions on Robotics, 2013, 29 (3): 625-640.

[19] Keennon M, Klingebiel K, Won H. Development of the Nano Hummingbird: A Tailless Flapping Wing Micro Air Vehicle [C]. AIAA Aerospace Sciences Meeting Including the New Horizons Forum and Aerospace Exposition, 2012: 1-24.

[20] Tedrake R, Jackowski Z, Cory R, et al. Learning to Fly like a Bird[J]. All Publications, 2009, 39 (5): 227-236.

[21] Ma K Y, Chirarattananon P, Fuller S B, et al. Controlled flight of a biologically inspired, insect-scale robot[J]. Science, 2013, 340 (6132): 603-607.

[22] SmartBird: Bird flight deciphered[OB/OL] https: //www. festo. com/group/en/cms/10238. htm, 2017-1-19/2017-10-21.

[23] Pornsin-Sirirak T N, Tai Y C, Ho C M, et al. Microbat: A Palm-Sized Electrically Powered Ornithopter [J]. Proceedings of the NASA/JPL Workshop on Biomorphic Robotics, 2001: 14-17.

[24] Krashanitsa R Y, Silin D, Shkarayev S V, Abate G. Flight dynamics of a flapping-wing air vehicle[J]. International Journal of Micro Air Vehicles, 2009, 1 (1): 35.

[25] Gerdes J, Holness A, Perez-Rosado A, et al. Robo Raven: A Flapping-Wing Air Vehicle with Highly Compliant and Independently Controlled Wings [J]. Soft Robotics, 2014, 1 (4): 275-288.

[26] Croon G C H E D, Perin M, Remes B D W, et al. The DelFly: Design, Aerodynamics, and Artificial Intelligence of a Flapping Wing Robot [M]. Springer Publishing Company, Incorporated, 2015.

[27] Rose C, Fearing R S. Comparison of ornithopter wind tunnel force measurements with free flight[C]. IEEE International Conference on Robotics and Automation. IEEE, 2014: 1816-1821.

[28] Yang W, Wang L, Song B, et al. Dove: A biomimetic flapping-wing micro air vehicle[J]. International Journal of Micro Air Vehicles, 2017: 1-15.

[29] 孫茂. 昆蟲飛行的高升力機理[J]. 力學進展, 2002, 32 (3): 425-434.

[30] 昂海鬆, 曾鋭, 段文博, 等. 柔性撲翼微型飛行器升力和推力機理的風洞試驗和飛行試驗[J]. 航空動力學報, 2007, 22 (11): 1838-1845.

[31] Yang L J. The Micro-air-vehicle golden snitch and its figure-of-8 flapping [J]. Journal of Applied Science and Engineering, 2012, 15 (3): 197-212.

[32] He W, Huang H, Chen Y, et al. Development of an autonomous flapping-wing aerial vehicle [J]. Science China Information Sciences, 2017, 60 (6): 063201.

[33] He W, Zhang S. Control design for nonlinear flexible wings of a robotic aircraft [J]. IEEE Transactions on Control Systems Technology, 2017, 25 (1): 351-357.

[34] 侯宇, 方宗德, 孔建益, 等. 仿生撲翼飛行微機器人研究現狀與關鍵技術[J]. 機械設計, 2008, 25 (7): 1-4.

[35] Shackell J M. Wired for War: The Robotics Revolution and Conflict in the 21st Century [J]. Industrial Robot, 2010, 88 (5): 171-172.

[36] Dickinson M. H., Gotz K. G.. Unsteady Aerodynamic Performance of Model Wings at Low Reynolds Numbers

[J]. Journal of Experimental Biology, 1993, 174 (1): 45-65.

[37] Krstic M. Boundary Control of PDEs: A Course on Backstepping Design [M]. Society for Industrial and Applied Mathematics, 2008.

[38] Rahn C D. Mechatronic Control of Distributed Noise and Vibration [J]. Measur-ement Science & Technology, 2002, 13 (4): 643-644.

[39] Hardy G H, Littlewood J E, Pólya G. Inequalities[J]. Cambridge at the University Press, 1908: 115-138.

[40] Liu Z L. Reinforcement adaptive fuzzy control of wing rock phenomena[J]. IEEE Proceedings-Control Theory and Applications, 2005, 152 (6): 615-620.

[41] Zhu Y, Krstic M, Su H. PDE boundary control of multi- input LTI systems with distinct and uncertain input delays [J]. IEEE Transactions on Automatic Control, 2018, 63 (12): 4270- 4277.

[42] Hamilton W R. Second Essay on a General Method in Dynamics[J]. Philosophical Transactions of the Royal Society of London, 1835, 125: 95-144.

[43] Hamilton W R. On a General Method in Dynamics: By Which the Study of the Motions of All Free Systems of Attracting or Repelling Points is Reduced to the Search and Differentiation of One Central Relation, or Characteristic Function[J]. Philosophical Transactions of the Royal Society of London, 1981, 124 (1): 247-308.

[44] Gurses K, Buckham B J, Park E J. Vibration control of a single-link flexible manipulator using an array of fiber optic curvature sensors and PZT actuators [J]. Mechatronics, 2009, 19 (2): 167-177.

[45] 蘇文敬, 吳立成. 空間柔性雙臂機器人系統建模、控制與仿真研究[J]. 系統仿真學報, 2003, 15 (18): 1098-1105.

[46] Li Y, Tong S, and Li T. Adaptive fuzzy output feedback control for a single-link flexible robot manipulator driven DC motor via backstepping[J]. Nonlinear Analysis: Real World Applications, 2013, 14 (1): 483-494.

[47] Hetel L, Fridman E, Floquet T. Variable structure control with generalized relays: A simple convex optimization approach [J]. Automatic Control, IEEE Transactions on, 2015, 60 (2): 497-502.

[48] Righetti L, Buchli J, Mistry M, et al. Optimal distribution of contact forces with inverse-dynamics control[J]. The International Journal of Robotics Research, 2013, 32 (3): 280-298.

[49] 王旭東, 邵惠鶴. RBF 神經元網路在非線性系統建模中的應用[J]. 控制理論與應用, 1997 (1): 59-66.

[50] 王輝, 徐錦法, 高正. 基於神經網路的無人直升機姿態控制系統設計[J]. 航空學報, 2005, 26 (6): 670-674.

[51] Nguyen N, Krishnakumar K, Boskovic J. An Optimal Control Modification to Model- Reference Adaptive Control for Fast Adaptation[C]. AIAA Guidance, Navigation, and Control Conference. 2008: 705-741.

[52] Xia Y, Zhu Z, Fu M. Back-stepping sliding mode control for missile systems based on an extended state observer[J]. Control Theory & Applications IET, 2011, 5 (1): 93-102.

[53] He W, Ge S S, How B V E, et al. Robust adaptive boundary control of a flexible marine riser with vessel dynamics [J]. Automatica, 2011, 47 (4): 722-732.

[54] Slotine J J E and Li W. Applied Nonlin-

ear Control[M]. Prentice Hall. 1991.

[55] Ge S S, Hang C C, Tong H L, et al. Stable Adaptive Neural Network Control [M]. Kluwer Academic Publisher, 2002.

[56] Ge S S, Wang C. Adaptive neural control of uncertain MIMO nonlinear systems[M]. IEEE Press, 2004.

[57] Horn R A, Johnson C R. Matrix Analysis [J]. Graduate Texts in Mathematics, 1990, 169 (8): 1-17.

[58] Tee K P, Ge S S, Tay E H. Barrier Lyapunov Functions for the control of output-constrained nonlinear systems [J]. Automatica, 2009, 45 (4): 918-927.

[59] Bialy B J, Chakraborty I, Cekic S C, et al. Adaptive boundary control of store induced oscillations in a flexible aircraft wing [J]. Automatica, 2016, 70: 230-238.

[60] Siranosian A A, Krstic M, Smyshlyaev A, et al. Motion planning and tracking for tip displacement and deflection angle for flexible beams[J]. Journal of Dynamic Systems Measurement and Control, 2009, 131 (3): 031009.

[61] Yang K J, Hong K S, Matsuno F. Energy-based control of axially translating beams: varying tension, varying speed, and disturbance adaptation [J]. IEEE Transactions on Control Systems Technology, 2005, 13 (6): 1045-1054.

[62] Liu Y, Sun D. Stabilizing a flexible beam handled by two manipulators via PD feedback[J]. IEEE Transactions on Automatic Control, 2000, 45 (11): 2159-2164.

[63] Krstic M. Compensating a String PDE in the Actuationor Sensing Path of an Unstable ODE [J]. IEEE Transactions on Automatic Control, 2009, 54 (6): 1362-1368.

[64] Smyshlyaev A, Guo B Z, Krstic M. Arbitrary decay rate for Euler-Bernoulli beam by backstepping boundary feedback[J]. IEEE Transactions on Automatic Control, 2009, 54 (5): 1134-1140.

[65] Chakravarthy A, Evans K A, Evers J. Sensitivities & functional gains for a flexible aircraft-inspired model [C]. American Control Conference, IEEE, 2010: 4893-4898.

[66] Guo B, Guo W. The strong stabilization of a one-dimensional wave equation by non- collocated dynamic boundary feedback control [J]. Automatica, 2009, 45 (3): 790-797.

[67] Hansen S W, Zhang B. Boundary Control of a Linear Thermo elastic Beam [J]. Journal of Mathematical Analysis & Applications, 1997, 210 (1): 182-205.

[68] Endo T, Matsuno F, Kawasaki H. Simple Boundary Cooperative Control of Two One-Link Flexible Arms for Grasping[J]. IEEE Transactions on Automatic Control, 2009, 54 (10): 2470-2476.

[69] Guo B, Zhou H. The Active Disturbance Rejection Control to Stabilization for Multi-Dimensional Wave Equation with Boundary Control Matched Disturbance[J]. IEEE Transactions on Automatic Control, 2014, 60 (1): 143-157.

[70] Lu L, Chen Z, Yao B, et al. A Two-Loop Performance-Oriented Tip-Tracking Control of a Linear-Motor-Driven Flexible Beam System with Experiments [J]. IEEE Transactions on Industrial Electronics, 2013, 60 (3): 1011-1022.

[71] Zhang F, Rong Z, Zhou Z. Experiment Research on Aerodynamics of Flexible Wing MAV[J]. Acta Aeronautica Et As-

tronautica Sinica, 2008, 6: 7.

[72] Albertani R, Stanford B, Hubner J P, et al. Aerodynamic Coefficients and Deformation Measurements on Flexible Micro Air Vehicle Wings[J]. Experimental Mechanics, 2007, 47(5): 625-635.

[73] Halim D, Moheimani S O R. Spatial resonant control of flexible structures-application to a piezoelectric laminate beam[J]. IEEE Transactions on Control Systems Technology, 2001, 9(1): 37-53.

[74] Guo B, Jin F F. The active disturbance rejection and sliding mode control approach to the stabilization of the Euler-Bernoulli beam equation with boundary input disturbance [J]. Automatica, 2013, 49(9): 2911-2918.

[75] Nguyen Q C, Hong K S. Asymptotic stabilization of a nonlinear axially moving string by adaptive boundary control [J]. Journal of Sound & Vibration, 2010, 329(22): 4588-4603.

[76] He W, Ge S S. Robust Adaptive Boundary Control of a Vibrating String Under Unknown Time-Varying Disturbance [J]. IEEE Transactions on Control Systems Technology, 2011, 20(1): 48-58.

[77] Banazadeh A, Taymourtash N. Adaptive attitude and position control of an insect-like flapping wing air vehicle[J]. Nonlinear Dynamics, 2016, 85(1): 1-20.

[78] Duan H, Li Q. Dynamic model and attitude control of Flapping Wing Micro Aerial Vehicle[C]. International Conference on Robotics and Biomimetics. IEEE Press, 2009: 451-456.

[79] Paranjape A, Chakravarthy A, Chung S J, et al. Performance and Stability of an Agile Tail-less MAV with Flexible Articulated Wings[C]. AIAA Atmospheric Flight Mechanics Conference. 2006.

[80] Nguyen N, Tuzcu I. Flight Dynamics of Flexible Aircraft with Aeroelastic and Inertial Force Interactions[J]. AIAA Journal, 2009.

[81] Bucci F, Lasiecka I. Optimal boundary control with critical penalization for a PDE model of fluid-solid interactions [J]. Calculus of Variations & Partial Differential Equations, 2010, 37(1): 217-235.

[82] Queiroz M S D, Rahn C D. Boundary Control of Vibration and Noise in Distributed Parameter Systems: An Overview[J]. Mechanical Systems & Signal Processing, 2002, 16(1): 19-38.

[83] Hodges D H, Dowell E H. Nonlinear equations of motion for the elastic bending and torsion of twisted nonuniform rotor blades [J]. NASA TN D-7818. 1974.

[84] Hodges D H, Ormiston R A. Stability of elastic bending and torsion of uniform cantilever rotor blades in hover with variable structural coupling[J]. 1976.

[85] Guo B, Guo W. The strong stabilization of a one-dimensional wave equation by non-collocated dynamic boundary feedback control[J]. Automatica, 2009, 45(3): 790-797.

[86] Hansen S W, Zhang B Y. Boundary Control of a Linear Thermoelastic Beam[J]. Journal of Mathematical Analysis & Applications, 1997, 210(1): 182-205.

[87] Guo B, Zhou H C. The Active Disturbance Rejection Control to Stabilization for Multi-Dimensional Wave Equation with Boundary Control Matched Disturbance [J]. IEEE Transactions on Automatic Control, 2014, 60(1): 143-157.

[88] Mackenzie D. A Flapping of Wings[J]. Science, 2012, 335 (6075): 1430.

[89] Karásek M, Preumont A. Simulation of flight control of a hummingbird like robot near hover [J]. Engineering Mechanics, 2012: 322.

[90] 唐志共, 許曉斌, 楊彥廣, 等. 高超聲速風洞氣動力試驗技術進展[J]. 航空學報, 2015, 36 (1): 86-97.

[91] Abdulrahim M, Garcia H, Lind R. Flight Characteristics of Shaping the Membrane Wing of a Micro Air Vehicle[J]. Journal of Aircraft, 2012, 42 (1): 131-137.

[92] Sun C, Xia Y. An Analysis of a Neural Dynamical Approach to Solving Optimization Problems[J]. IEEE Transactions on Automatic Control, 2009, 54 (8): 1972-1977.

[93] Ren B, Ge S S, Tee K P, et al. Adaptive neural control for output feedback nonlinear systems using a barrier Lyapunov function [J]. IEEE Transactions on Neural Networks, 2010, 21 (8): 1339-1345.

[94] Tee K P, Ge S S, Li H, et al. Control of nonlinear systems with time-varying output constraints [J]. Automatica, 2011, 47 (11): 2511-2516.

[95] Krstic M, Smyshlyaev A. Backstepping boundary control for first-order hyperbolic PDEs and application to systems with actuator and sensor delays [J]. Systems & Control Letters, 2008, 57 (9): 750-758.

[96] Wu H N, Wang J W. Observer design and output feedback stabilization for nonlinear multivariable systems with diffusion PDE-governed sensor dynamics[J]. Nonlinear Dynamics, 2013, 72 (72): 615-628.

[97] Smyshlyaev A, Guo B Z, Krstic M. Arbitrary Decay Rate for Euler-Bernoulli Beam by Backstepping Boundary Feedback [J]. IEEE Transactions on Automatic Control, 2009, 54 (5): 1134-1140.

[98] Ren B, Wang J M, Krstic M. Stabilization of an ODE-Schrö dinger cascade [C]. American Control Conference. IEEE, 2012: 4345-4350.

[99] Mueller T. Fixed and Flapping Wing Aerodynamics for Micro Air Vehicle Applications [M]. American Institute of Aeronautics and Astronautics, 2001.

[100] Warrick D R, Tobalske B W, Powers D R. Aerodynamics of the Hovering Hummingbird[J]. Nature, 2005, 435 (7045): 1094-1097.

[101] George R B. Design and Analysis of a Flapping Wing Mechanism for Optimization[J]. 2015.

[102] 李軍. ADAMS 實例教程[M]. 北京: 北京理工大學出版社, 2002.

[103] Zhao C H, Chen S J, Zhang J, et al. Study on Dynamic Performance of Tower Crane Based on ADAMS Multi-Flexible-Body [J]. Advanced Materials Research, 2012, 479: 1504-1509.

[104] 焦廣發, 周蘭英. ADAMS 柔性體運動仿真分析及運用[J]. 現代製造工程, 2007 (5): 51-53.

[105] 蔡光, 吳謹, 肖瀟. 基於 ADAMS 與 ANSYS 的柔性多體系統運動特性仿真分析[J]. 製造業自動化, 2014 (23): 67-70.

[106] Gao R, Yang J, Luo G, et al. The Simulation of Rotary Motion of the Flexible Multi-Body Dynamics of Tower Crane[J]. Advanced Materials Research, 2013, 655 (2): 281-286.

[107] 張永德, 汪洋濤, 王沐楠, 等. 基於 AN-

SYS 與 ADAMS 的柔性體聯合仿真[J]. 系統仿真學報, 2008, 20（17）: 4501-4504.

[108] 餘勝威, 吳婷, 羅建橋 . MATLAB GUI 設計入門與實戰[M]. 北京: 清華大學出版社, 2016.

[109] 龔建球, 劉守斌 . 基於 Adams 和 Matlab 的自平衡機器人仿真[J]. 機電工程, 2008, 25（2）: 8-10.

[110] 薛定宇, 陳陽泉 . 基於 MATLAB/Simulink 的系統仿真技術與應用[M]. 北京: 清華大學出版社, 2011.

[111] 馬如奇, 郝雙暉, 鄭偉峰, 等 . 基於 MATLAB 與 ADAMS 的機械臂聯合仿真研究[J]. 機械設計與製造, 2010（4）: 93-95.

[112] 阮龍歡, 侯宇, 李詩雷, 等 . 兩自由度仿生撲翼飛行機器人設計與運動分析[J] . 機械設計與製造, 2017（6）: 241-244.

[113] 李韶華, 楊紹普, 李皓玉 . 基於 AD-AMS-MATLAB 聯合仿真的汽車懸架半主動控制[J]. 系統仿真學報, 2007, 19（10）: 2304-2307.

[114] 何亞銀 . 基於 ADAMS 和 MATLAB 的動力學聯合仿真[J]. 現代機械, 2007（5）: 60-61.

[115] He W, Mu X, Chen Y, et al. Modeling and vibration control of the flapping-wing robotic aircraft with output constraint[J]. Journal of Sound and Vibration, 2018, 423: 472-483.

[116] He W, Mu X, Chen Y, et al. Modeling and vibration control of the flapping-wing robotic aircraft with output constraint[J]. Journal of Sound and Vibration, 2018, 423: 472-483.

[117] 趙希芳 . ADAMS 中的柔性體分析研究[J]. 電子機械工程, 2006, 22（3）: 62-64.

[118] 王福軍 . 計算流體動力學分析: CFD 軟體原理與應用[M]. 北京: 清華大學出版社, 2004: 21.

[119] Han S L, Yu R X, Li Z Y, et al. Effect of Turbulence Model on Simulation of Vehicle Aerodynamic Characteristics Based on XFlow[J]. Applied Mechanics & Materials, 2014, 457: 1571-1574.

[120] Deng X, Schenato L, Sastry S S. Flapping flight for biomimetic robotic insects: part II-flight control design [J]. IEEE Transactions on Robotics, 2006, 22（4）: 789-803.

[121] Chirarattananon P, Ma K Y, Wood R J. Adaptive control of a millimeter-scale flapping-wing robot [J]. Bioinspiration & Biomimetics, 2014, 9（2）: 025004.

[122] Ge S S, Lee T H, Harris C J. Adaptive Neural Network Control of Robotic Manipulators[M]. World Scientific Publishing Co. Inc. 1998.

[123] He W, Chen Y, Yin Z. Adaptive Neural Network Control of an Uncertain Robot With Full-State Constraints. [J]. IEEE Transactions on Cybernetics, 2016, 46（3）: 620.

[124] Yang C, Jiang Y, Li Z, et al. Neural Control of Bimanual Robots with Guaranteed Global Stability and Motion Precision[J]. IEEE Transactions on Industrial Informatics, 2017, 13（3）: 1162-1171.

[125] Ge S S, Wang C. Direct adaptive NN control of a class of nonlinear systems [J]. IEEE Transactions on Neural Networks, 2002, 13（1）: 214-221.

[126] Li Y, Yang C, Ge S S, et al. Adaptive Output Feedback NN Control of a Class of Discrete-Time MIMO Nonlinear Systems with Unknown Control Directions [J]. IEEE Transactions on Systems Man and Cybernetics Part B （Cybernetics）, 2011, 41（2）: 507-517.

[127] Liu Z, Wang F, Zhang Y, et al. A-

daptive fuzzy output-feedback controller design for nonlinear systems via backstepping and small-gain approach. [J]. IEEE Transactions on Cybernetics, 2014, 44（10）：1714-1725.

[128] Chen M, Ge S S. Direct adaptive neural control for a class of uncertain non-affine nonlinear systems based on disturbance observer[J]. IEEE Transactions on Cybernetics, 2013, 43（4）：1213-1225.

[129] He W, Yan Z, Sun C, et al. Adaptive Neural Network Control of a Flapping Wing Micro Aerial Vehicle With Disturbance Observer[J]. IEEE Transactions on Cybernetics, 2017, 47（10）：3452-3465.

[130] He W, Ge S S, Li Y, et al. Neural network control of a rehabilitation robot by state and output feedback [J]. Journal of Intelligent & Robotic Systems, 2015, 80（1）：15-31.

[131] Shen H, Xu Y, Dickinson B T. Fault tolerant attitude control for small unmanned aircraft systems equipped with an airflow sensor array[J]. Bioinspiration & Biomimetics, 2014, 9（4）：046015.

[132] 楊青, 趙鋒, 李陽. 基於 C# 的無人機地面站軟體設計[J]. 電子質量, 2017, (05)：48-51, 56.

[133] Wei He, Tingting Meng, Xiuyu He and Changyin Sun, 「Iterative Learning Control for a Flapping Wing Micro Aerial Vehicle Under Distributed Disturbances」, IEEE Transactions on Cybernetics, in press, 2018.

[134] 賀威, 丁施強, 孫長銀. 撲翼飛行器的建模與控制研究進展[J]. 自動化學報, 2017, 43(5)：685-696.

[135] Shyy W, Berg M, Ljungqvist D. Flapping and flexible wings for biological and micro air vehicles[J] Progress in aerospace sciences, 1999, 35(5)：455-505.

[136] 伍城, 趙懷林, 朱紀洪. 一種小型數位電動舵機系統設計與實現[J]. 自動化與儀表, 2015, 30(10)：10-14, 36.

[137] 趙鐘, 段旭鵬, 常興華, 等. 鳥類撲翼運動的非定常運動初步數值模擬研究[C]. 第七屆全國流體力學學術會議論文集. 2012:151.

[138] 許琳娜, 王振華, 羅魏魏. 基於 STM32 的四旋翼飛行器的設計與實現[J]. 自動化技術與應用, 2017, 36（08）：122-124 + 135.

[139] 劉森, 慕春棣, 趙明國. 基於 ARM 嵌入式系統的擬人機器人控制器的設計[J]. 清華大學學報（自然科學版）網絡. 2008, (04)：482-485.

[140] 李訓栓, 劉航, 馮娟娟. 多路高精度機器人控制器軟硬件設計及優化[J]. 大學物理實驗, 2017, 30(02)：8-14.

[141] 姜峰. 陀螺儀在汽車底盤上的應用[J]. 吉林廣播電視大學學報, 2012, 02：20, 33.

[142] Vachtsevanos G, Tang L, Drozeski G, et al. From mission planning to flight control of unmanned aerial vehicles: Strategies and implementation tools [J]. Annual Reviews in Control, 2005, 29(1)：101-115.

[143] Esmailifar S M, Saghafi F. Autonomous Unmanned Helicopter Landing System Design for Safe Touchdown on 6DOF Moving Platform[C]. International Conference on Autonomic and Autonomous Systems. IEEE, 2009：245-250.

[144] Ellenrieder K D V, Parker K, Soria J. Fluid mechanics of flapping wings [J]. Experimental Thermal & Fluid Science, 2008, 32(8)：1578-1589.

[145] LabVIEW Function and VI Reference Mannual [M]. National Instruments

Corporation.Corporation, 1998.

[146] 康建華, 余方毅, 平婕. 通用埠總線在虛擬儀器中的應用[A]. 中國通訊學會. 2010 通訊理論與技術新發展——第十五屆全國青年通訊學術會議論文集（下冊）[C].中國通訊學會, 2010.

[147] 馬俊. 基於 Google Earth 的無人機地面站監控系統: [學位論文]. 南京: 南京航空航天大學, 2011.

[148] Zhang, LinGuang, Cui, et al. The development and status of 3S technology in China[C].International Conference on Advanced Computer Control. IEEE, 2010: 214-217.

[149] H.Shim, T.J.Koo, F.Hoffmann, et al. A Comprehensive Study of Control Design for an Autonomous Helicopter [C]. Proceedings of the 37 the IEEE Conference on Decision and Control, 1998, 4: 3653-3658.

[150] 蒙波. 無人機航跡規劃與任務分析的仿真與實現: [學位論文]. 成都: 電子科技大學, 2010.

[151] Wagter C D, Tijmons S, Remes B D W, et al. Autonomous flight of a 20-gram Flapping Wing MAV with a 4-gram onboard stereo vision system [C]. IEEE International Conference on Robotics and Automation. IEEE, 2014: 4982-4987.

[152] Bermudez F G, Fearing R. Optical flow on a flapping wing robot[C]. IFFF/RSJ International Conference on Intelligent Robots and Systems. IEEE Press, 2009: 5027-5032.

[153] 阮秋琦. 數字圖像處理學[M]. 北京: 電子工業出版社, 2013.

[154] Ryu S, Kwon U, Kim H J. Autonomous flight and vision-based target tracking for a flapping-wing MAV [C]. International Conference on Intelligent Robots and Systems. IEEE, 2016: 5645-5650.

[155] Lin S H, Hsiao F Y, Chen C L, et al. Altitude control of flapping-wing MAV using vision-based navigation [C]. American Control Conference. IEEE, 2010: 21-26.

[156] Tijmons S, Croon G C H E D, Remes B D W, et al. Obstacle Avoidance Strategy using Onboard Stereo Vision on a Flapping Wing MAV[J]. IEEE Transactions on Robotics, 2017, 33（4）: 858-874.

[157] Tijmons S, Croon G D, Remes B, et al. Stereo Vision Based Obstacle Avoidance on Flapping Wing MAVs [C]. Advances in aerospace guidance, navigation and control. 2013: 463-482.

[158] Baek S S, Garcia Bermudez F L, Fearing R S. Flight control for target seeking by 13 gram ornithopter [C]. IEEE/RSJ International Conference on Intelligent Robots and Systems. 2011: 2674-2681.

[159] Julian R C, Rose C J, Hu H, et al. Cooperative control and modeling for narrow passage traversal with an ornithopter MAV and lightweight ground station[C]. International Conference on Autonomous Agents & Multi-agent Systems. International Foundation for Autonomous Agents and Multiagent Systems, 2013: 103-110.

[160] 馮鑽. 基於圖像的微撲翼飛行器運動檢測研究 [D]. 西安: 西北工業大學, 2007.

[161] Verri A, Poggio T. Motion field and optical flow: qualitative properties [J]. IEEE Transactions on Pattern Analysis & Machine Intelligence, 1989, 11（5）: 490-498.

[162] Haritaoglu I, Harwood D, David L S.

W4: Real-Time Surveillance of People and Their Activities[J]. IEEE Transactions on Pattern Analysis & Machine Intelligence, 2000, 22（8）: 809-830.

[163] Mckenna S J, Jabri S, Duric Z, et al. Tracking Groups of People[J]. Computer Vision & Image Understanding, 2000, 80（1）: 42-56.

[164] Karmann K P, Brandt A V. Moving Object Recognition Using an Adaptive Background Memory[C]. Time-varying Image Processing & Moving Object Recognition. 1990, 2: 289-296.

[165] Kilger M. A shadow handler in a video-based real-time traffic monitoring system[C]. Applications of Computer Vision, Proceedings, 1992. IEEE Workshop on. IEEE Xplore, 1992: 11-18.

[166] Stauffer C, Grimson W E L. Adaptive Background Mixture Models for Real-Time Tracking [C]. Computer Vision and Pattern Recognition, 1999. IEEE Computer Society Conference on, 1999, 2: 246-252.

[167] Collins R T, Lipton A J, Kanade T, et al. A system for video surveillance and monitoring [J]. VSAM final report, 2000: 1-68.

[168] Tsai R Y. An efficient and accurate camera calibration technique for 3D machine vision[J]. Proc. ieee Conf. on Computer Vision & Pattern Recognition, 1986: 364-374.

[169] 曾騰輝, 盧健濤. 淺析 Vicon MX 三維動作捕捉系統在健身器人機學運動分析中的應用[C]. 國際工業設計研討會暨全國工業設計學術年會. 2009.

[170] Abhijit J. Kinect for Windows SDK Programming Guide [M]. Packt Publishing, 2012.

[171] 餘濤. Kinect 應用開發實戰[M]. 北京: 機械工業出版社, 2013.

[172] Wagter C D, Koopmans A, Croon G D, et al. Autonomous Wind Tunnel Free-Flight of a Flapping Wing MAV [M]. Advances in Aerospace Guidance, Navigation and Control. Springer Berlin Heidelberg, 2013: 603-621.

[173] Caetano J V, Percin M, van Oudheusden B W, et al. Error analysis and assessment of unsteady forces acting on a flapping wing micro air vehicle: free flight versus wind-tunnel experimental methods [J]. Bioinspiration & Biomimetics, 2015, 10（5）: 056004.

撲翼飛行機器人系統設計

作　　者：賀威、孫長銀

發 行 人：黃振庭

出 版 者：崧燁文化事業有限公司

發 行 者：崧燁文化事業有限公司

E-mail：sonbookservice@gmail.com

粉 絲 頁：https://www.facebook.com/
　　　　　sonbookss/

網　　址：https://sonbook.net/

地　　址：台北市中正區重慶南路一段六十一號八
　　　　　樓 815 室

Rm. 815, 8F., No.61, Sec. 1, Chongqing S. Rd.,
Zhongzheng Dist., Taipei City 100, Taiwan

電　　話：(02) 2370-3310

傳　　真：(02) 2388-1990

印　　刷：京峯彩色印刷有限公司（京峰數位）

律師顧問：廣華律師事務所 張珮琦律師

國家圖書館出版品預行編目資料

撲翼飛行機器人系統設計 / 賀威，
孫長銀著 . -- 第一版 . -- 臺北市：
崧燁文化事業有限公司 , 2022.03
　面；　公分
POD 版
ISBN 978-626-332-121-2(平裝)
1.CST: 機器人 2.CST: 系統設計
448.992 111001506

電子書購買

臉書

定　　價：450 元

發行日期：2022 年 03 月第一版

◎本書以 POD 印製